秦山30万千瓦核电工程建设一定要坚持“安全、适用、经济、自力更生”的原则，通过掌握技术，积累经验，培养队伍，为今后核电发展打下基础。

周恩来

鄒家華
一九八九年六月十二日

欧阳予　　彭士禄　　蒋心雄
赵　宏　　余剑锋　　汪兆富

中国核电从这里起步——亲历者口述秦山核电

欧阳予 中国科学院院士，原秦山核电站总设计师
彭士禄 中国工程院院士，原秦山二期核电站首任董事长
蒋心雄 原核工业部部长，原中国核工业总公司总经理
赵　宏 原核工业部副部长，原中国核工业总公司副总经理
余剑锋 中国核工业集团有限公司党组书记、董事长
汪兆富 原中国核工业总公司办公厅主任

陈曝之 原秦山核电公司副总经理
曹德宏 原上海核工程研究设计院院长
耿其瑞 原上海核工程研究设计院副院长
朱霞云 原上海核工程研究设计院总工程师
夏祖讽 原上海核工程研究设计院土建工程设计师
于洪福 原秦山核电厂厂长，原核电秦山联营有限公司总经理

陈曝之　曹德宏　耿其瑞

朱霞云　夏祖讽　于洪福

王寿君

郑庆云

林德舜

钱惠敏

陈菊生

钱剑秋

王寿君 全国政协常委，中国核学会党委书记、理事长

郑庆云 原核工业部政策研究室主任

林德舜 原秦山核电厂党委书记、总经理

钱惠敏 上海市核电办公室原副主任

陈菊生 原航天部3257厂厂长

钱剑秋 原秦山核电有限公司副厂长兼总工程师，原秦山第三核电有限公司总工程师

姚启明　俞培根

何小剑　顾　军

马明泽　魏国良

姚启明 原秦山核电公司总经理，原秦山第三核电有限公司总经理

俞培根 中国东方电气集团公司党组书记、董事长

何小剑 中国核能电力股份有限公司原副总经理

顾　军 中国核工业集团有限公司党组副书记、总经理

马明泽 中国核能电力股份有限公司党委副书记、总经理

魏国良 海南核电有限公司党委书记、董事长

顾　健

朱晓斌

田庆红

姚建远

朱月龙

叶奇蓁

顾　健 中国核能电力股份有限公司副总经理

朱晓斌 中核核电运行管理有限公司副总工程师

田庆红 原秦山核电公司运行部常规岛组主值班员

姚建远 中核核电运行管理有限公司维修一处技术工人

朱月龙 中核核电运行管理有限公司环境应急处处长

叶奇蓁 中国工程院院士，原秦山核电二期工程总设计师

李晓明 中国核工业集团有限公司总经理助理
张华祝 原中国核工业总公司副总经理，原国防科工委副主任
李永江 原核电秦山联营有限公司董事长、总经理
郑本文 三门核电有限公司原党委书记、总经理
于英民 原核电秦山联营有限公司党委副书记、纪委书记
郑砚国 霞浦核电有限公司党委书记、董事长

李晓明

张华祝

李永江

郑本文

于英民

郑砚国

孙云根 海南核电有限公司董事、总经理

王大成 秦山核电研究员级高级工程师

吴兆远 原秦山核电公司副总经理，原秦山第三核电有限公司副总经理

陈国才 中核国电漳州能源有限公司党委书记、董事长

吴炳泉 中核核电运行管理有限公司副总经理

姚照红 中核核电运行管理有限公司秦山三厂厂长

刘传德 原秦山核电公司党委书记，原秦山第三核电有限公司董事长
张　涛 华能集团公司副总工程师、核电公司党委书记、执行董事
吴　岗 中核武汉核电运行技术股份有限公司党委书记、董事长
徐鹏飞 中国核电工程有限公司党委书记、董事长
洪源平 霞浦核电有限公司总经理
尚宪和 中核核电运行管理有限公司副总经理

刘传德

张　涛

吴　岗

徐鹏飞

洪源平

尚宪和

汤紫德

孙　勤

卢铁忠

黄　潜

邹正宇

汤紫德　国务院核电领导小组办公室原副主任

孙　勤　原中国核工业集团公司党组书记、董事长

卢铁忠　中国核工业集团有限公司总经理助理、中国核能电力股份有限公司党委书记、董事长

黄　潜　秦山核电党委书记、董事长

邹正宇　秦山核电党委副书记、总经理

邢　继

何少华

李鹰翔

张　录

徐浏华

邢　继 中国核电工程公司副总经理，中核集团“华龙一号”总设计师

何少华 秦山核电站高级技师，中核集团首席技师

李鹰翔 原二机部办公厅主任

张　录 原核电秦山联营有限公司政工办主任、企业文化处处长

徐浏华 原海盐县支援重点工程办公室主任

中国核电从这里起步

——亲历者口述秦山核电

主 编 黄 潜

浙江科学技术出版社

图书在版编目（CIP）数据

中国核电从这里起步：亲历者口述秦山核电 / 黄潜主编. -- 杭州：浙江科学技术出版社，2021.12
ISBN 978-7-5341-9654-6

Ⅰ. ①中… Ⅱ. ①黄… Ⅲ. ①核电站－建设－概况－海盐县 Ⅳ. ①TM623

中国版本图书馆CIP数据核字(2021)第221694号

书　　名	中国核电从这里起步——亲历者口述秦山核电
主　　编	黄　潜

出版发行	浙江科学技术出版社 杭州市体育场路347号　邮政编码：310006 办公室电话：0571-85176593 销售部电话：0571-85062597 网　址：www.zkpress.com E-mail : zkpress@zkpress.com
印　　刷	浙江海虹彩色印务有限公司

开　　本	889 × 1194　1/16	印　张	27.25
字　　数	210 000		
版　　次	2021年12月第1版	印　次	2021年12月第1次印刷
书　　号	ISBN 978-7-5341-9654-6	定　价	98.00元

责任编辑　徐　岩　　　**责任校对**　张　宁
装帧设计　孙　菁　　　**责任印务**　叶文炀

编写人员名单

主　编　黄　潜

副主编　邹正宇　曹水林　陆卫华

编　辑　张　录　于英民　卫毓卿　夏建军　王媛媛

摄　影　张　录　夏建军　杨　波

统　筹　夏建军

序言

中国核电从秦山起步

1970年2月春节前夕，周恩来总理在北京听取上海市领导汇报由于缺电导致工厂减产的情况时明确指出：“从长远来看，要解决上海和华东地区用电问题，要靠核电。”“二机部不能光是爆炸部，要搞原子能发电。”2月8日，上海市领导传达周总理指示，开始研究部署核电站的建设工作，把首座核电站建设工程命名为“728工程”。周总理亲自主持审定了30万千瓦核电站工程的建设方案，并反复强调核电站建设应该坚持安全、适用、经济、自力更生的原则，通过建设实践掌握技术，积累经验，培养队伍，为今后核电发展打下基础。1974年4月13日，国家计划委员会（简称“国家计委”）向二机部（第二机械工业部的简称）、上海市发出《关于上海七二八核电站列入计划的通知》，将“728 工程”列入 1974 年国家基本建设项目。1981 年 12 月 18 日，国家计委发出《关于建设三十万千瓦压水堆核电站的通知》。1982 年 11 月 2 日，国家经济委员会批准中国第一座核电站定点于浙江省海盐县秦山。

中国核电从秦山起步。核工业人又一次响应党的召唤，从戈壁大漠、深山峡谷走出来，从科研院所、大专院校走出来，从机械制造、工矿企业走出来，会聚到东海之滨，开启了化剑为犁、和平利用原子能的新阶段。

党中央和国务院十分关心、重视核电的建设与发展。李鹏同志在担任国务院副总理和总理期间，遵照周总理的嘱托，精心决策，精心组织，事必躬亲，勇于担当，先后参加了秦山、大亚湾和田湾三个核电站的建设，经历了我国核电事业从无到有、从小到大的全部发展过程。秦山核电站从起步到发展凝聚着李鹏总理的心血。他曾经五次莅临秦山核电站，在决策、组织、指挥秦山核电站建设过程中发表了一系列重要讲话和指示。

1985 年 3 月 20 日，我国自主设计与建造的秦山核电站开工建设；1991 年 12 月 15 日，核电站并网发电；1994 年 4 月 1 日，核电站投入商业运行。秦山核电站的建成，结束了中国大陆无核电的历史，也标志着中国成为继美国、英国、法国、苏联、加拿大、瑞典之后世界上第七个能自主设计和建造核电站的国家。国务院副总理邹家华曾为秦山核电站题词："国之光荣"；国务院副总理吴邦国也为秦山核电站题词："中国核电从这里起步"。

1996 年 6 月 2 日，秦山核电二期主体工程开工；2002 年 4 月 15 日、2004 年 5 月 3 日，秦山二期 1、2 号机组先后投入商业运行，实现了中国自主设计与建造大型商用核电站和核电国产化的重大跨越。1998 年 6 月 8 日，引进重水堆核电站的秦山三期主体工程开工；2002 年 12 月 31 日、2003 年 7 月 24 日，秦山三期 1、2 号机组先后投入商业运行，实现了我国核电工程管理与国际接轨。2010 年 10 月、2011 年 12 月，秦山二期扩建的 3、4 号机组先后投入商业运行。2014 年 12 月、2015 年 2 月，秦山一期扩建的方家山工程 1、2 号机组先后投入商业运行。如今，秦山核电站已拥有 9 台机组，总装机容量达到 660.4 万千瓦，年发电量达 500 多亿千瓦时，成为中国目前核电机组最多、堆型最丰富、装机容量最大的核电基地。

最近三年，在世界核电运营者协会（WANO）制定的多项指标中，秦山核电 WANO 机组平均能力因子为 95.06%，负荷因子达到 91.16%，处于世界先进水平。2020 年，秦山核电 8 台机组 WANO 综合指数达到 100 分，排名世界第一。

习近平总书记在浙江工作期间，曾三次考察秦山核电站。2003 年 2 月 19 日，他考察了秦山一、二、三期工程现场之后，高兴地说："今天我看了秦山核电一、二、三期的建设和运行情况后，感到十分振奋，感受到我们民族工业的振兴。"

秦山核电站在建设和发展过程中，获得了"国家科技进步特等奖""国家科技进步一等奖""中国工业大奖""五一劳动奖状"等一大批殊荣。2019 年 9 月，在中华人民共和国成立 70 周年之际，秦山核电站又成为中宣部新命名的 39 个"全国爱国主义教育示范基地"之一。为了发挥"全国爱国主义教育示范基地""全国科普教育基地""全国青少年科技教育基地"的作用，近年来，中国核工业集团有限公司新闻宣传中心和秦山核电站组织采访了参与秦山核电站建设的蒋心雄、赵宏等原核工业部老领导，欧阳予、彭士禄、叶奇蓁等专家（院士），秦山核电一、二、三期和设计、施工企业的领导与专业技术人员，以及曾在政府部门任职的有关人士等，请亲历者讲述他们的故事。他们讲述的内容有多有少，故事有长有短，但作为秦山核电站的开拓者、建设者，他们都有一种自豪感和荣誉感。现在，我们将这些口述内容按照秦山核电一、二、三期工程的立项、设计、设备采购与制造、建造和运行管理的阶段进行编辑整理，再现秦山核电站从“国之光荣”到“国家名片”的艰难曲折的发展历程，展示核工业人“热爱祖国，无私奉献，自力更生，艰苦奋斗，大力协同，勇于登攀”的“两弹一星”精神和“事业高于一切，责任重于一切，严细融入一切，进取成就一切”的核工业精神，践行“强核报国、创新奉献”的新时代核工业精神风貌，让读者朋友们感受到我国广大科技工作者的爱国主义精神和仰望星空、科技报国的崇高理想，为中国核工业的开拓者、实干者、奉献者点赞，共同助力中国核电持续健康发展，见证中国核电设计、建造和运营管理从优秀走向卓越。

王寿君

全国政协常委

中国核学会党委书记、理事长

绪论

推动核能积极安全有序发展
为实现“碳达峰、碳中和”
贡献中核力量

今年是中国共产党成立 100 周年，也是秦山核电站建成发电 30 周年。和平利用核能，是改革开放以来我国核工业自立自强、加快发展取得的重大成果。习近平总书记高度重视核能发展。2003 年 2 月 19 日，习近平总书记当时刚到浙江工作不久，就专程视察了秦山核电基地，充分肯定秦山核电的建设运行成绩：“今天我看了秦山核电一、二、三期的建设和运行情况以后，感到十分振奋，感受到我们民族工业的振兴。”2015 年 1 月 15 日，我国核工业创建六十周年之际，习近平总书记作出重要批示指出：“核工业是高科技战略产业，是国家安全重要基石。

要坚持安全发展、创新发展，坚持和平利用核能，全面提升核工业的核心竞争力，续写我国核工业新的辉煌篇章。”这为新时代核工业加快发展提供了根本遵循。在隆重庆祝中国共产党百年华诞之际，习近平总书记在“七一”前夕对秦山核电老同志汇报信作出重要批示，给予亲切关怀。30 年来，在党中央的坚强领导下，我国核能事业从无到有、从小到大加快发展，为服务国民经济和社会发展做出了重要贡献，开启了新时代加快建设核工业强国的新征程。

一、秦山核电是我国核能事业三十年来实现跨越式发展的生动缩影

1970 年，周总理就专门指示：“二机部不能只是‘爆炸部’，除了搞核弹外，还要搞核电站。”在周总理的亲自关心和推动下，党中央、国务院批准建设秦山核电站。核工业人自力更生、艰苦奋斗，1991 年 12 月 15 日秦山核电站建成并网发电，结束了中国大陆没有核电的历史，被中央领导赞誉为“国之光荣”、“中国核电从这里起步”。秦山核电站的建成发电，是我国核工业向保军转民、和平利用核能方向迈出的重要一步，是继“两弹一艇”研制成功后的又一次历史性突破，是核工业第二次创业的重要里程碑。

秦山二期是我国自主设计、建造、运营的首座60万千瓦商用核电站，2002年4月15日首台机组正式投入运行，实现了我国自主建设商用核电站的重大跨越。秦山二期坚持自主设计，搞好中外合作；坚持自主管理，确保“三大控制”；坚持自主采购，推进设备国产化，实现了我国二代改进型核电技术的突破和优化，为更好满足核安全法规积累了经验，为更快与国际接轨奠定了基础，为我国掌握先进三代核电技术、培养核心人才提供了坚实保证，极大地增强了我国自主发展核电的能力。

秦山三期是中国与加拿大合作建设的70万千瓦重水堆，由于建设周期短，工程质量高，多项施工记录创同类核电站建设之最，受到国内外好评。加方高度评价秦山三期是中国人成功的故事，1%是加方的贡献，99%是中国人的成绩，工程满足国际标准，是国际合作建设重水堆核电站的典范。通过秦山三期的建设实践，基本实现了我国核电工程管理的规范化、程序化和信息化，并与国际接轨，对我国核电发展和实现规范化管理做出了重大贡献。

30年来，中核集团始终重视核能发展，举全集团之力支持推进秦山核电基地建设，坚持以我为主、中外合作，走中国特色核能发展道路，掌握了核电关键核心技术，实现了我国核电技术从二代到二代加、从 30 万千瓦到 60 万千瓦再到 100 万千瓦的自主跨越，为我国自主三代核电“华龙一号”的成功研发建设奠定了坚实基础。如今，秦山核电基地已建成 9 台机组，成为我国运行时间最长、机组数量最多、堆型种类最丰富、装机容量最大、运行业绩最好的核电基地。秦山核电既是我国核能事业的发源地，也肩负着新时代建设核工业强国的重要使命。

二、我国核能事业始终坚持安全发展、创新发展，已经跻身世界先进水平

党的十八大以来，以习近平同志为核心的党中央高度重视核工业发展，作出一系列重要指示批示和重大决策部署，我国核工业进入了“再创辉煌”的新时代。“两核”重组以来，中核集团深入贯彻习近平总书记一系列重要指示批示精神，充分发挥我国核科技工业主体作用，确立了“建设先进核科技工业体系、打造世界一流核工业集团、推动建成核工业强国”的新时代“三位一体”奋斗目标，坚持安全发展、创新发展，坚持自主创新、开放合作，积极构建“小核心、大协作”协同创新体系，推动先进核能技术“型谱化、系列化”加快发展。

中国已经成为世界核能发展的主要市场国家和前沿创

新阵地，我国核能发展水平已经跻身世界前列。

一是核能技术能力达到世界先进水平。自主三代核电“华龙一号”全球首堆、海外首堆成功投入商运，技术指标、建造工期、安全质量达到国际先进水平。高温气冷堆示范工程实现临界，快堆示范工程加快推进，四代核电商业化应用迈出坚实步伐。全球首座商用模块式多用途小堆示范工程开工建设。受控核聚变研究装置中国环流器 2M 装置建成放电。核工业人勇攀科技高峰，打造了一个又一个“大国重器”。

二是核电产业规模进入世界第一方阵。30 年来，中核集团建成秦山、田湾、福清、昌江、三门等一批大型核电基地，实现了核电的规模化发展。目前，我国大陆在运核电机组 52 台，装机容量 5348 万千瓦，位居全球第三；在建核电机组 18 台，装机容量 1902 万千瓦，位居全球第一。核电产业规模的提升，既为经济社会发展提供了安全、清洁、高效、稳定的电力供应，也有效地带动了核工业全产业链的体系能力建设。

三是核电安全运行业绩达到世界领先水平。30 年来，我国建立起了成熟完备的核安全文化、核电安全质量管理体系和法律法规监管体系，所有核电机组从未发生国际核事件分级二级及以上的运行事件。中核集团 2020 年度 15 台在运核电机组获得 WANO 指数满分，2021 年以来 19 台在运机组获得 WANO 指数满分，达到世界领先水平。秦山核电基地 2020 年度有 8 台在运核电机组获得了 WANO 指数满分。

四是核工业产业配套能力显著增强。30 年来，我国核工业完整产业体系实现了整体性跨越提升。中核集团在国内建成新疆伊犁等千吨级铀矿大基地，成功收购纳米比亚罗辛铀矿，天然铀保障能力明显提升。铀浓缩技术实现升级换代，CF3 等自主先进核燃料组件成功研发并实现批量化生产，核燃料加工产业核心竞争力显著增强。核电中低放废物集中处置场建设顺利推进，国内首座高放废液玻璃固化设施投入运行，后处理科研专项加快实施，后处理短板加快补齐。

五是国际竞争力和影响力大幅提升。中核集团是唯一实现批量出口核电机组和核设施的中国企业。中俄最大核能合作项目在两国元首见证下开工建设，树立了全球核能合作典范。“华龙一号”海外首堆巴基斯坦卡拉奇 2 号机组投入商运，打造了亮丽的“国家名片”。中核集团牵头承担的国际热核聚变实验堆（ITER）项目核心安装工程进展顺利。积极共建“一带一路”，推动核电“走出去”，加快构建以国内大循环为主体、国内国际双循环相互促进的新发展格局。

三、在确保安全的前提下积极有序发展核能，支撑落实“碳达峰、碳中和”战略目标

党的十九届五中全会指出，要把握新发展阶段，完整、准确、全面贯彻新发展理念，构建新发展格局，推动高质量发展。习近平主席向国际社会郑重承诺，中国将力争于2030年前实现碳达峰、2060年前实现碳中和。国务院已经制定《2030年前碳达峰行动方案》。在“碳达峰、碳中和”目标牵引下，将加速催生经济社会和能源结构实现系统性变革。核能是清洁能源中的主力能源，是目前唯一可以大规模替代煤电等化石能源的基荷能源，对实现“碳达峰、碳中和”目标的作用不可替代。中核集团将深入贯彻落实党中央、国务院决策部署，推动在确保安全的前提下积极有序发展核能，支撑落实“碳达峰、碳中和”战略目标。

一是要推动核能高质量发展，助力能源绿色低碳发展。以自主三代核电“华龙一号”为主力堆型，加快批量化建设。以秦山核电为基础，打造浙江零碳未来城，推动核电基地化、群堆化建设，更好地服务区域经济社会发展。优化核电空间布局，统筹开发沿海核电厂址，积极稳妥推进内地核电论证和工程示范。以核电为基荷能源，积极构建核电、水电、风电、光伏发电等多种清洁能源协同互补发展的现代能源体系。大力推动核能替代火电、与石化等行业耦合发展，加快发展核能供暖、供汽、制氢、稠油热采等多用途综合利用。

二是要强化战略科技力量，打造世界核能创新高地。发挥核工业原创技术“策源地”作用，打造核电技术高水平创新联合体，着力推进基础研究和关键核心技术攻关，不断提高核电技术的先进性和经济性。聚焦前沿性、战略性、颠覆性技术方向，推进新型反应堆、先进核燃料与核材料等技术研发，实施一体化闭式循环先进快堆核能系统等重大科技攻关，打造先进核燃料闭式循环体系，抢占未来世界核科技竞争的战略制高点，打造世界核工业重要人才中心和创新高地。

三是要扩大高水平开放合作，加快构建新发展格局。以自主核电带动核工业全产业链加快“走出去”，提升我国核能品牌的国际影响力和全球竞争力。务实开展国际核能合作，开发全球核能与核技术市场，携手推动全球核能产业发展与科技进步，统筹用好国内国际两个市场、两种资源。更多助力共建“一带一路”，加快构建核工业新发展格局。发挥企业主体作用，推动全球能源治理体系协调发展，构建全球核能发展命运共同体。

四是要统筹发展与安全，始终确保核安全万无一失。核安全是核工业的生命线，是核能发展的根基和命脉。要推进开放式合作、专业化运营，落实核安全责任，确保核电设施安全稳定运行。厚植核安全文化，加强核安全管理，提高核电本质安全水平。以最快速度、最高效率，干净彻底消除历史遗留风险。确保核与辐射安全、工业安全和环境安全，保障人民群众的生命安全和身体健康。

五是要担当“链长”职责，提升核工业全产业链现代化水平。中核集团拥有我国核工业完整产业链、创新链体系，要自觉担当现代产业链“链长”重任，着力补链、强链，提高核工业产业链、供应链的自主可控、安全高效发展能力。进一步完善天然铀供应保障体系，提升天然铀保障能力。加快核燃料产业提质增效，充分保障核能发展的核燃料需求，提升国际市场竞争力。加快提升后处理、退役和“三废”治理能力，全面提升后端产业的发展水平。以先进核科技工业体系全面支撑核能发展和核工业强国建设。

继往开来展宏图，乘势而上谱新篇。在全面建设社会主义现代化国家、向第二个百年奋斗目标进军的新征程中，新时代核工业人要增强发展的底气、志气和勇气，认真总结三十年来我国核能发展的重大成就和历史经验，始终牢记党中央赋予新时代核工业的使命任务，把握新发展阶段难得的发展机遇，更好凝聚起全行业的智慧和力量，发挥集中力量办大事的制度优势，推动核能高质量发展，早日把我国建设成为核工业强国，为实现中华民族伟大复兴做出应有的贡献。

余剑锋

中国核工业集团有限公司党组书记、董事长

目录

第一章

自主设计建造30万千瓦原型压水堆核电站

秦山核电站是中国自行设计、建造和运营管理的第一座30万千瓦原型压水堆核电站，装机容量为一台30万千瓦原型压水堆核电机组。1985年3月20日，秦山核电站主体工程开工；1991年12月15日，核电站并网发电；1993年12月，机组负荷因子达到66.23%（设计标准为65%），为世界同类核电站先进水平；1994年4月1日投入商业运行。秦山一期核电站的建成，结束了中国大陆无核电的历史。

决策、研究与立项

力主压水堆核电上马

⊙欧阳予

1971年的秋天，我正在湖北荆州“五七干校”劳动锻炼，接到二机部发来“急速回京”的电报后，立即动身赶回北京。下了火车，部里派车把我直接送到了刘伟部长的办公室。刘部长用严肃而又热切的眼神注视着我，说：“中央决定在华东建一座核电站，要一个负责核电站设计的技术负责人，部里推荐，报请中央同意，由你担任技术负责人。”

当时，国际原子能机构召开了和平利用原子能的第三次会议。于是，我迅即将会议的英文资料调出来，认真阅读，发现压水堆的技术成熟、结构严谨、安全性较好、具有可操作性。然而，当时的美国《核能》杂志发表文章说熔盐堆如何好，于是很多人，特别是上海高校，还有上海工宣队一些人，希望做熔盐堆，并且做了很多实验和方案。从理论上讲，熔盐堆是既能发电又能把钍 –232、铀 –238 转化为裂变燃料的反应堆，利用率比较高。但它的放射性很难封闭，熔盐又对主管道的腐蚀性很强，因此只能作为科研开发，若要运用到实际中建设核电站，当时还不具备可操作性。那时，搞核潜艇的彭士禄正在北京举办与核动力相关的会议。我便灵机一动，请他到上海帮忙为压水堆方案说话。当我将自己的设想和压水堆方案向彭士禄和盘托出后，豪爽活跃的彭士禄欣然同意。于是，在讨论确定堆型的会议上，彭士禄详细说明了熔盐堆技术难度大，还有很多问题没有解决，特别是放射性比较大，需要机器人操作，因此缺乏安全性，不具备可操作性。而压水堆已应用于国内核潜艇，技术相对成熟。这次会议的半年后，美国宣布熔盐堆下马，于是大家统一了意见，压水堆成为第一预备方案。

选定堆型后，又要商定规模，最后确定为 30 万千瓦的规模。第一个核电站定为 30 万千瓦是很大胆的。苏联的第一个是 5000 千瓦，美国的第一个是 9 万千瓦。

我带领大家在全国制造行业搞了实地调研，从设备制造能力、加工制造水平、核工业系统能力等方面得出结论，通过努力是可以搞30万千瓦的。此外，当时国内火电厂的机组能力也是30万千瓦，表明我国已经基本具备30万千瓦核电站常规岛相关设备的制造能力。经过一年多的调研，1973年11月，二机部正式将压水堆30万千瓦的方案报到国务院。

周恩来总理看了报告后说，一要听汇报，二要做个模型看看。我和同事们又准备了两个月，汇报资料包括可行性方案、设计方案、设备制造能力和准备就绪的模型。1974年3月31日，中央专委在人民大会堂的新疆厅听取汇报。周总理主持，邓小平、叶剑英、李先念、谷牧等中央领导出席了汇报会。时任六机部副部长的彭士禄也参加了这次汇报会。会上，我提出，由于实验和科研开发以及提高设备制造能力，整个“728工程”建设费用大约需要六亿三。当时周恩来总理已经患病，身体非常瘦弱，但精神矍铄，他一挥手说：“六亿三，学个乖，值得。”他还说，建设我国第一座核电站，主要是掌握技术、培养队伍、积累经验，为今后核电发展打基础。

（欧阳予　中国科学院院士，原秦山核电站总设计师）

坚决支持选用压水堆核电方案

⊙彭士禄

在我国第一颗原子弹成功爆炸后，周恩来总理主张建设核电站。1970年2月初，他在听取上海市领导汇报由于缺电导致工厂减产的情况时明确指出："从长远来看，要解决上海和华东地区用电问题，要靠核电。""二机部不能光是爆炸部，要搞原子能发电。"2月8日，上海市组建了核电站工程筹建处，定名为"728工程"。1971年年底，二机部所属核二院总工程师欧阳予奉命到上海主持"728工程"的技术工作。时值"文革"期间，该工程由上海工宣队主管。在技术方案上提出了两个方案：一个是12.5万千瓦熔盐堆方案，一个是以欧阳予为代表的压水堆方案。熔盐堆方案得到上海工宣队的支持。

我当时任六机部七院719所副所长兼武汉分部负责

人，出差到上海处理核潜艇设备的后续问题时，上海 728 工程筹建处主任赵嘉瑞与党委书记万钧找到我，说：“彭总，请您听听‘728 工程’方案汇报好吗？”我说：“一定前往！”

汇报会上，大家对堆型的选择进行了热烈讨论，我当场发表了看法：中国搞压水堆有基础，我们核潜艇采用的就是压水堆嘛。核电站为什么不利用这个现成的经验与原理，而去搞什么熔盐堆？这种堆太“脏”，在工程上也无法应用。周总理不是说让我们实事求是吗？今天我们就好好讨论一下，选择哪种堆型是实事求是的。

会上，我明确表态：所谓熔盐堆方案看起来很先进，但从实际出发不可行，应予否定。建议改为压水堆方案，装机容量可暂定为 30 万千瓦，因为（当时）国内火电厂单机容量最大也为 30 万千瓦。熔盐堆技术不成熟，一旦出问题，堆芯凝固，就再也没法启动。我们核潜艇采用的压水堆，有设计、研制和运行的经验，“728 工程”应该利用这个经验，放弃熔盐堆，采用压水堆。压水堆在世界上已是最成功的堆型。

大多数与会工程技术人员同意我的意见，赞成放弃熔盐堆方案，提出了建设 10 万～30 万千瓦压水堆原型

示范电站的意见。1973年间，上海市革委会和二机部先后两次向国务院提出改变堆型方案的报告，专门聘请我担任“728工程”技术顾问，通过当初科研和设计人员的设计论证，逐级向上海市主管单位及中央报告。

1974年3月31日下午，他们终于接到通知——立即到人民大会堂新疆厅等候向周总理汇报。最后，中央批准了欧阳予及其同事提出的电功率为30万千瓦的压水堆建设方案和设计任务书。

（彭士禄　中国工程院院士，原秦山二期核电站首任董事长）

秦山核电的起步真是不易

⊙蒋心雄

我参与秦山核电建设是1982年3月。秦山核电项目正式上马之前，国家也有引进大型核电站的意向。为此，围绕秦山30万千瓦核电站到底上不上争论很多。关键时刻，一个是上级的决策，一个是资金的落实。1982年12月17日，陈云同志批示：不管广东核电站谈成谈不成，自己必须搞自己的核电站，再也不要三心二意了。

核电工程不仅是高技术、高风险的，同时还要有高的资金投入，当时我们国家没有钱搞核电站，所以要搞，我们核工业部就得自己出钱。自己怎么凑钱呢？过去核工业部有好多铀产品，卖到国外挣钱，卖了几个亿。另外我们跟国务院汇报资金情况，因为石油增产，国务院给我们补了一部分，再加上当时华能也有一笔钱，拼拼凑凑弄了6个多亿来搞核电。

中央当时有不少领导同志支持我们发展核电。张爱萍同志是当时的国防部部长，他在上报中央的报告中说，有些事关系国家的大计，必须办，咬紧牙关也得办，但是有些同志，往往从小事做起，步履匆匆，犹犹豫豫，把时间耽误了，因此齐心协力加油干，这个很重要。胡耀邦同志当时任中共中央总书记，他在张爱萍的报告中批示完全赞同张部长的批语。可见他也很支持我们搞核电。

（蒋心雄　原核工业部部长，原中国核工业总公司总经理）

党和国家领导同志非常支持秦山核电建设

⊙赵　宏

中国核电的起步比较晚，20 世纪 70 年代初国家决定发展核电。但是怎么起步和建设，国内有不同意见。一些人认为，核电站技术复杂，安全要求比较高，我们缺乏建设核电站的经验，最好先引进国外技术，再消化吸收转化成自己的。另一些人认为，我们在核工业方面有几十年的历史和经验，从 50 年代到 80 年代，搞过核武器研究，有一定的能力，可以自己开发建设核电站。总之，对于怎么建，意见不一致，分歧很大。

当时核工业部叫二机部，受国防科工委的领导，统一管理核工业的业务。时任国防科工委主任的张爱萍，同时还兼任国务院副总理和军委副秘书长。他支持发展我们自己的核电站，所以写了报告，上报中央领导建议搞自己的核电站。争议最大的时期是在1982年和1983年，当时就引进技术与外国谈判，谈判我也参加过。到1984年和1985年，感觉引进技术也很艰难。向外国人买一般的技术可以，请他们建设也可以，但是拿不到核心技术。另外，引进技术要支付大量外汇，当时国家穷、底子薄，外汇非常短缺。建造100万千瓦的核电站，建两个堆就需要40亿美元。就当时国家的经济实力来说，这是无法承受的。因此引进技术也遇到了困难。为此，陈云同志在一份上报的文件中批示自己必须搞自己的核电站，再也不要三心二意了。邓小平又在陈云的批示上画了个圈，表示赞成。其他领导也表示同意。1983年的秋天，中央领导专门召开了一个小的座谈会，张忱部长、姜圣阶和我到中央领导的办公室，对建设核电站的能力和困难进行了详细汇报，对建设成功与否进行了分析。中央领导当时就表示同意建设核电站，并说那就练兵吧。厂址就在这种情况下选定了，浙江省委书记铁瑛等也非常支持。就这样，秦山核电项目上马了。

（赵宏　原核工业部副部长，原中国核工业总公司副总经理）

蒋心雄谈领导同志与核电建设

⊙汪兆富

2004 年 8 月 22 日，是邓小平同志 100 周年诞辰纪念日。当时我作为《中国核工业》杂志的主编，和《中国国防经济观察（中国军转民）》杂志的记者一起采访了原核工业部老部长蒋心雄。

蒋心雄同志从事核工业工作长达 46 年之久。自 1982 年 4 月起担任二机部副部长，1983 年 6 月担任核工业部党组书记、部长，1988 年 5 月、12 月分别担任中国核工业总公司总经理、党组书记，到 1999 年 7 月担任新成立的中国核工业集团公司顾问，他在核工业的主要领导岗位上工作了 17 年。他全程参与并领导了秦山核电站和大亚湾核电站的建设，为我国核电事业的起步和发展贡献了智慧和心血。蒋部长作为党的第十二届、十三届、十四届中央委员，跟邓小平同志有过较多的接触，对邓小平同志关于核科技工业战略思想的理解比较深刻。

蒋部长说，我国核工业是在毛主席亲自主持决策之下创建和发展起来的，主要事情是在周总理任主任的15人中央专委会指挥下进行的，邓小平同志作为党的总书记是主抓中央日常工作，负责贯彻实施中央决策的。可以说，邓小平同志从一开始就直接参与和领导了我国核工业的创建，是主要的决策者和领导者之一。

邓小平同志非常关心我国核事业的发展。老部长回忆说，在原子弹、氢弹攻关的关键时刻，邓小平同志关注着每一步进展，曾经考察核工业五〇四厂、四〇四厂、二〇二厂和中国原子能科学研究院等不少重要的厂矿院所。特别让核工业人感动的是，1963年4月，邓小平同志在陪同毛主席、周总理亲切接见核科技工作者时说："研制原子弹的计划，党中央和毛主席已经批准了，路线、方针、政策已经确定，现在就由你们去执行。你们大胆去干，干好了是你们的功劳，干不好，出点问题，由我们书记处负责。"这些话，充分体现了无产阶级革命家的气魄和胆识，解除了广大核科技工作者的后顾之忧。

1978年党的十一届三中全会以后，随着全国工作重心转移到以经济建设为中心上，党中央对国防科技工业的战略调整进行了精心的部署和安排。按照邓小平同志的战略思想，国防科技工业实行了“军民结合、平战结合、军品优先、以民养军”的方针。

1979年12月，邓小平同志在审阅国防科工委关于发展核电站问题的请示时，针对秦山核电站上与不上的问题，认为继续搞是应该的，“我认为由二机部抓总，较为妥当”。这就为秦山核电站的建设奠定了基础。

1984年，邓小平同志考察深圳时对市领导说，深圳特区建设还要做好两件事：第一件事是，要办好深圳大学；第二件事是，要建设好广东第一个核电站。1985年1月19日，邓小平同志会见香港嘉道理勋爵时说：“双方合营建设的广东核电站，是我们合资的最大一个项目，这是了不起的事情，甚至在我国对香港恢复行使主权后，都会发生影响。它将使内地和香港在经济上联系更加紧密，对保持香港的繁荣和稳定，增加港人的信心，有着重要的意义。”

1986年4月26日，苏联的切尔诺贝利核电站发生严重事故，“恐核”情绪立刻波及香港。那时，香港出现了30多个“反核”组织，百万人签名反对大亚湾核电站上马。甚至有“专家”发表“高论”说：“大亚湾核电站将使香港成为一座死城！”还有谣言说某某党和国家领导人已经表态了，大亚湾核电站厂址可以迁移。

据大亚湾核电站第一任董事长王全国回忆：当时中央一位驻港高级官员要求广东停建核电站，甚至提出将大亚湾改成同等规模的火电站，所有资金由他向香港方面筹措。我回答他：“既然这样，我们各自向中央打报告。”广东一连打了四份报告，在其中一份报告上有好几位中央领导画了圈但都没有表态。可能是最后一份报告送到了邓小平同志那里，他的秘书打来电话，传达了邓小平同志的指示让我们干我们的。在大亚湾核电站命运攸关的时刻，邓小平同志亲自作出了核电站要继续建下去的决策。

在2009年7月23日中国核能行业协会召开的庆祝新中国成立60周年座谈会上，核工业部老部长蒋心雄也回忆了这一段历程。他说，面对切尔诺贝利核电站发生的严重核事故，国内外一些人对核电站安全性产生了疑虑。当时，香港人提出口号：“要空气，要阳光，不要核电站！”还说什么“核电站出事了，你广东人可以跑到内地，香港人就只有跳海啦”。甚至挖苦说“你大陆人连厕所都管不好，还管得了核电站？”并且发动了大规模的签名活动。当时中央那位驻港高级官员以“反映民意”为由上京陈述，向中央提出让大亚湾核电站“搬家”。蒋部长找到他，跟他说：“核电站不是家用电器，可以随意地从客厅搬到卧室！一影响，那就是多少年了。”对于蒋部长的话，那位官员根本就听不进去。我们说，兴建大亚湾核电站，是在十分慎重、科学论证的基础上作出的决定。1986年7月，邓小平同志明确批示：“中央领导对建大亚湾核电站没有改变，也不会改变，中央充分注意核电站的安全问题。”邓小平同志的重要批示和重要讲话，对刚刚起步的中国核电建设起到了非常重要的作用。

（汪兆富　原中国核工业总公司办公厅主任）

选 址

多地勘探选址选定秦山

⊙陈曝之

1958年，我国核工业迎来大发展，当时25岁的我，作为二机部从各部委选调的业务骨干之一，被调到了核工业四〇四厂，开始与核打起了交道。

1978年，二机部组建了上海核工程筹备组，我有幸成为筹备组领导小组成员之一。当时华东地区严重缺电，应上海市委的要求，国务院决定将第一座核电站建在华东地区，核电站的选址任务就落在了刚组建的728核电筹备组和728设计院（上海核工程研究设计院）身上。我作为核电筹备组成员之一，曾先后到安徽、江苏、上海、浙江等地参与核电站的选址。

1979 年 6 月底，我们先到海盐县澉浦，看到山头一个个比较小，后来又到夏家湾，看到两个大山头——一个秦山，一个杨柳山。我们把车停在夏家湾，到这里一看，里面有片海滩，可以围成海堤，形成一个“沙发座”，这里不错，地形地貌基本符合建设核电站的条件。第二个星期，我又带了另外几个人，包括上海 728 设计院的几个人，又跑来看，大家都认为选址在这里可以。但是之后选址的事就无声无息了，因为那时候国家计委正在讨论核电要不要搞的问题。

相传，2200 多年前，秦始皇南巡时曾到过此山，后人因此将这座山命名为秦驻山、秦望山，今人习惯称之为秦山。

20世纪70年代末，我国陷入要不要发展核电的困局。二机部的专家曾经多次给中央写信，要求启动核电项目，当时728核电筹备组也一直没有停止核电站选址的工作。

主管核电的文功元局长来了，我就向他汇报说，这里有一个点，你去看看吧。那天下着小雨，他一去，就把海盐县政府惊动了。海盐县政府办公室主任兼科委主任陆右铭给浙江省政府打电话，说：二机部有个局长来我们这里选核电厂厂址。浙江省政府知道后便在1979年年末、1980年年初发了一份公函，欢迎二机部来浙江选厂址。1980年1月，二机部马上回复一份文件说共同选址，这样就和省里联系起来了。1981年5月，二机部副部长周秩等向浙江省政府领导介绍了核电厂的安全性、可靠性和经济性，得到省政府领导的同意。浙江省初步拟定嘉兴、温州、台州三个地区共16个点供二机部选择。筹备组进行了认真细致的勘察，并反复论证，层层筛选，最后，海盐县凭借得天独厚的地理位置和优良的地质结构，得到了专家的青睐，得到了二机部领导和浙江省政府领导的重视。

核电厂的厂址一般要具备五大条件：第一，地基要好，就是要有一块整体的基岩，软地基就不行。第二，用水方便，核电厂用水量比火电厂用水量要多1.5倍，用海水冷却比较方便。第三，大件运输方便，核电厂最大的大件有200多吨。大件怎么运输？可以从上海港运到金山石化，金山当时有600吨的吊车，大件吊下来之后，再经几十公里就可以运到海盐。第四，核电厂附近最好人口少一点。海盐面临杭州湾，杭州湾那面一半没有居民，相对来说，人口少一些。第五，离电网比较近，送电方便。海盐离华东电网只有一二十公里，离杭州也比较近。这五个条件符合建核电厂的要求，所以我们当时就选了海盐这个地方。

1982年6月1日，浙江省委召开扩大会议，专题讨论核电厂厂址定点问题。会议由省委第一书记铁瑛同志主持，省委书记陈作霖等有关同志以及二机部部长刘伟等同志出席会议。会后，由翟翕武、周秩分别代表省部对国家经委、城乡建设环保部的联名报告进行草签。

1982年11月2日，国家经委下发关于30万千瓦核电厂厂址报告的批复，同意核电厂厂址定在浙江省海盐县秦山。

（陈曝之　原秦山核电公司副总经理）

我请领导同志视察秦山核电厂址

⊙蒋心雄

为了让秦山核电项目取得国务院支持，我请时任国务院副总理的李鹏到秦山去看看。

1983 年 3 月 9 日那天正在召开全国人民代表大会，上午总理做了政府工作报告，中午国务院办公厅给我打电话，下午李鹏一行就从西苑机场乘“三叉戟”到了嘉兴，之后又赶到秦山。在方家山那个山谷，蒙蒙细雨中，秦山核电负责同志于洪福向李鹏同志汇报，这个地方可以摆几个机组，那个地方可以摆几个机组。李鹏同志说这个地方可以发展，之后他又到周边看了看，当时的秦山是荒山荒地荒滩。

第二天的报纸上报道了领导同志视察“泰山”核电站。因为记者不知道秦山，外界也都不太知道浙江嘉兴有个秦山，只知道一个“泰山”，这个“秦”跟“泰”

秦山核电围海造堤，在 4 平方公里的滩涂上建造了 9 座核电机组。

的字形有点相近，所以就报道成“泰山”，后来又更正。当年秦山核电是先干工程，再搞其他的基础设施、生活设施。当时没有合适的地方接待国家级领导人，就把他们安排在县招待所。招待所的同志很热情。当年的海盐县比较落后，我们住的县招待所条件简陋，房间四面通风，被子也不够，只好把房间里所有能盖的东西都盖上，连沙发垫都不放过。

（蒋心雄　原核工业部部长，原中国核工业总公司总经理）

1971年，来自全国的科技工作者，在上海开始组建核电会战队伍。图为核电科技工作者在秦山海域勘察水文资料。

设 计

难忘的自主研究设计秦山核电工程的八个春秋

⊙欧阳予

1971年年末，来自全国各地的核科技人员在上海组成了一支会战队伍。大家的共同心愿就是，早日建成我国自行设计和建造的核电站。但是，与我们已做过的其他反应堆工程相比，核电站的技术难度显然要高得多。核电站反应堆的温度、压力、功率密度、质量指标和可靠性、寿命等要求都很高，安全设施和系统要求也更加完善、更加复杂，对环境保护的要求也非常严格。在对比了国际上压水堆核电站的技术难度与我国核技术水平和制造能力以后，大家认识到差距是很大的。但这并没有让我丧失信心。因为我们也有有利条件，我国已有初具规模的核工业科技体系，已能制造部分重型和精密设备，包括30万千瓦的火电机组。剩下的问题就是设法填补空白和解决面临的技术难题了。这些工作做好了，不仅能推动核电工程，而且能带动整个核工业和机电工业水平的提高。由此，我带领技术团队与上海核工程研究设计院，以及全国几十个科研、设计、制造单位进行了多次研讨，拟出了264项科研试验项目和26项旨在提高工厂制造能力的技术扩建项目，报经国家主管部门纳入计划。

1983年6月，秦山核电前期工程启动。1985年3月，正式浇筑主厂房第一罐混凝土，标志着秦山核电工程正式开工建设。

初到秦山，我和其他技术人员一样，住在简陋的二人间。一年后，才拥有单独的办公室。那时候，我全身心地投入工作，办公桌上摊着图纸，墙上钉着图纸，书架上吊着图纸，茶几上还堆着厚厚的几叠图纸。1987年1月，国务院第15号文件指定核工业部副部长赵宏兼任秦山核电公司总经理，我任总设计师兼第一副总经理。当时国务院主管工业的副总理李鹏告诉核工业部部长蒋心雄：出了问题，我就拿他们俩是问！核工业部的正式

秦山核电一期电站就建在这片滩涂上。

任命文件下达后，蒋部长加码：你们俩出上海和秦山要经过我同意。

30万千瓦压水堆核电站是一个具有开创性、技术难关密集的重大工程项目，设计十分复杂。这座核电站由反应堆和大约200个系统组成，从物理、热工、机械、控制、核燃料、辐射、环境保护、“三废”处理到各种安全措施等，门类众多，大小设备约3万台件，仪表和控制屏台、机柜1.76万套件，阀门1.17万个。要使这些设备都能按技术指标设计并研制出来，系统组合得当，功能发挥正确，需要克服无数难关。我国当时还没有自己的核电规范和技术标准，国际上对核电关键技术又保密甚严，更增加了设计上的困难。在这种情况下，结合我国国情，我经过自行开发研究，创造性地提出一系列独具特色的技术措施，并获得了成功。核燃料组件是核电站反应堆的核心部分，我亲自主持并参与了设计研究。首先，在设计中我反复比较国外同类产品的优缺点，决定采用有利于堆芯安全的设计。其次，我与核材料专家张沛霖一道，指导燃料组件的攻关和试验、检验等工作，直到试制成功。我国首次设计研制的核燃料组件，经过这么多年的运行，性能依然良好，满足了秦山核电站的技术要求。

核电站反应堆一回路主管道是直径700毫米、壁厚70毫米的高温高压不锈钢管道，它的焊接是核电站工程建造的关键工艺技术。日本三菱重工答应以10万美元向我方转让技术，但因要附加政治条件而未能成交。在主管领导赵宏的支持下，由焊接专家潘际銮教授协同，我从组建焊接攻关实验室开始，主持制定了技术攻关方案和要求，并对关键工艺作出决策，同时挑选了优秀焊工进行实物试验和技术培训，根据试验和取得的大量检测数据，终于摸清并掌握了主管道焊接的技术诀窍。我们自己完成的主管道焊接质量完全符合标准，得到了国际原子能机构安全评审专家的赞赏。

核电站的二回路汽轮发电机组在热试车冲转中是否需要另行设置调试供汽锅炉，历来是国外核电站设计建设中有争议的技术问题。到目前为止，除德国一些核电站外，绝大多数国家的核电站依靠另设燃油调试锅炉供汽。经过严谨认真地分析论证后，我决定秦山核电站取消调试供汽锅炉，在热试车中，直接依靠一回路热试车过程中主泵旋转机械加热和稳压器的电加热，使蒸汽发生器二次侧产生积聚的蒸汽进行汽轮机热试车冲转，实现了秦山核电站汽轮机和发电机热试车一次冲转成功，不仅为国家节省了几百万元的投资，而且实现了核岛与常规岛的联合试车，达到了国际先进水平。

在整个工程建设中，我们技术团队总计先后排列出了 380 多项科研试验项目。我过问了每一项技术难题，和同事们一道，在一次又一次的试验、分析论证和设计研究中，送走了一个个寒夜，又一次次迎来了充满希望的黎明。八个春秋间，关键性的技术障碍得到排除，142 项成果荣获国家和部级奖励，其中有 10 多项是我直接主持或参与主持的。我和其他技术人员精心设计的施工文件，装订了 1092 册。那里面饱含无数的酸甜苦辣，浸润着我和伙伴们的汗水与心血！

（欧阳予　中国科学院院士，原秦山核电站总设计师）

精心组织，保质保量完成秦山核电工程的科研设计工作

⊙曹德宏

1986 年，我作为上海核工程研究设计院院长，在工作中遇到了新的挑战。秦山核电站是我国第一座自行研究设计的核电站，由于国外对相关技术封锁，我们缺乏资料，当时科研、设计、施工交叉进行，这不符合国家规定的工程建设程序，造成频繁修改设计，影响了施工进程。解决“边科研，边设计，边施工”的问题是关键。国家计委国防局在确保安全和质量的前提下，要求我们在 1987 年 6 月 30 日前必须完成设计，不再作重大修改。国家需要就是命令。上海核工院（上海核工程研究设计院的简称）科研设计人员备感光荣。我们怀着强烈的责任感，严格贯彻“安全第一、质量第一”的准则，兢兢

业业，团结一心，争分夺秒，冒着严寒酷暑，精心组织，精心设计，结合实际，大打设计“歼灭战”。完成施工图册416册、图纸18928张，同时完成反应堆压力容器、堆内构件、蒸汽发生器、控制棒驱动机构、燃料组件等核电站主要设备的施工设计和290项非标设备的施工设计，设计图纸53类、338套、15196张，按期交出了合格答卷。

完成了核电站设计图纸，不等于就完成了任务。为进一步保证核电站建成，我们核工院还要面向基层，配合施工现场组成设计队，及时解决建造、安装中的各种技术问题；配合设备采购，及时解决采购设备、新材料的技术问题；要参与设备调试，与业主共同组成调试队，编写调试大纲、调试细则。秦山核电站有各种设备5000项、约30000台件，其中非标设备540项、4576台件，非标电气仪表设备1938项、11091台件，进口设备105项、925台件。调试过程中要把200多个系统连接起来，同时将设计制造、施工、调试数据资料进行反馈，这个过程很艰辛，但也积累经验、增长知识。据统计，上海核工院在设计后的现场服务总计达180075人日，还不包括出国驻设备厂。设计人员结合实践，大胆负责，谨慎细致，一步一个脚印，解决相关技术问题，获得好评，同时也提高了上海核工院在核电技术方面的核心竞争力。

我在担任上海核工院院长期间，坚决贯彻“核电为主、多种经营”的方针，把秦山核电站设计任务放在院里一切工作的首位，号召全院上下全力以赴，坚持质量第一、安全第一，保质保量地完成秦山核电工程的科研设计工作。在前几任领导工作的基础上，我组织完成了

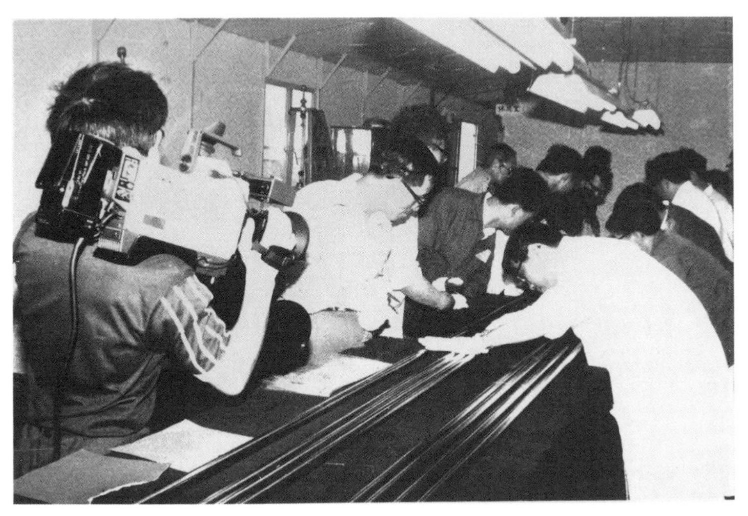

“质量第一，安全第一”是秦山核电的建设宗旨。第一批日本进口的核燃料组件在进行严格验收。

秦山核电站的设计、设备研制、追加科研试验、配合现场施工、调试及编制最终安全分析报告等工作，组织完成的科研试验和攻关项目有400多项，为秦山核电站的设计、运行提供了可靠依据；组织完成了核岛设计和总体设计，主要包括核电站总体设计、核蒸汽供应系统及主设备设计、工程设计，保证了工程设计的完整性及各单位、各子项相互接口的正确性。同时，上海核工院参与配合土建施工、设备制造、设备采购和安装调试，完成安全分析工作，编写最终安全分析报告，报告通过了国家核安全局的安全审评，为1991年12月15日秦山核电站成功实现并网发电做出了重大贡献。

秦山核电站发电之后，上海核工院积极开拓核电业务，在总结30万千瓦核电站原型堆的基础上，作商用化改进设计，为向巴基斯坦出口30万千瓦核电站项目合同的签订做了扎实的基础工作。

为表彰上海核工院在核电建设中做出的重大贡献，1992年，上海市人民政府授予上海核工院“先进集体”称号；同年上海核工院还荣获了“全国先进集体”称号、全国“五一劳动奖状”。

（曹德宏　原上海核工程研究设计院院长）

统筹协调处理核电设计和工程现场的技术问题

⊙耿其瑞

1968年至1982年的14年里，我和夫人在中国核动力院夹江基地从事反应堆研究试验工作。参与了第一座船用核动力陆上模式堆的运行准备、冷热态调试，完成了首次临界试验和首次满功率试验工作，还完成了全寿期运行考验和科学试验工作。

1988年年底，秦山核电工程进入设备安装和系统调试的关键时刻，主要设备已经就位，等待安装和调试。现场急需一位既熟悉工程设计、设备制造，又有组织管理能力的领导人员，统筹协调处理工程现场的问题，另外这个人还要有高度的责任感。蒋心雄部长和赵宏副部长都想到了我，当时，部长们亲切地称我为“小耿”。1988年

1985 年 3 月 20 日，秦山响起一声惊雷，拉开了建设中国第一座核电站的序幕。

11 月，我火线上阵，正式担任上海核工程研究设计院副院长，分管秦山核电项目。

秦山核电站的调试工作是一项庞大繁杂的系统工程，技术密集，又是国内首次运行调试，难度大，有人建议聘请外国专家驻厂指导。日本、联邦德国、南斯拉夫等国的核电专家也多次自我推荐。我认为秦山核电站是中国人自己设计和建造的第一座核电站，必须将设计和运行结合起来，坚决主张自力更生进行调试。同时呼吁上海核工院参加调试，因为上海核工院对工程设计意图和技术细节理解透彻，有利于解决调试中的问题。主管工程的赵宏副部长采纳了我的建议，从上海核工院抽调 80 多人和核电厂部分运行维修人员，组成了一个联合调试队。厂院联合调试队成立后，工作重点都在秦山现场。1988 年 12 月，我作为上海核工院与秦山核电厂联合调试队副队长，代表核工院全面负责处理工程施工、设备制造、安装过程中出现的技术问题；负责编制最终安全分析报告、安全评审对话及设备追溯性评审。我原本想调来上海可以就近照顾一下岳父母，但这个想法只能落空了。为了工作我住在秦山工地，星期一去，周末回上海，忙起来，周末也不回。

我们第一次自己设计核电站，没有经验，现场一施工就会发现问题：有的是设计本身不太合适，存在缺陷；有的是施工、安装有问题；有的是设备标准变了，图纸和实际不是一回事，原有的标准一改，所有的工作都要重新来；有些是调试中出现的问题。现场服务人员一天要开好几个会议，跟参建单位一块讨论。核工业系统有一个光荣传统，就是干什么事情都是团结协作。有什么问题，大家一起商量，一起想办法解决，但不论问题大小，都得及时处理。我认定一个道理，就是任何事情不及时处理就会变成大问题，会影响大局。没有解决不了的问题，就看怎么处理，办法要适合工程当时的情况，适合当时的条件。

我组织专业人员编写调试大纲和调试细则，完成了 251 个调试试验项目，其中 40 多个是重大调试项目。在厂院的密切配合下，系统调试顺利完成。1990 年 11 月 5 日，秦山核电站主系统水压试验一次成功；1991 年 3 月 29 日，汽轮机冲转试验一次成功；1991 年 8 月 8 日，完成反应堆装料；1991 年 12 月 15 日，实现并网发电。秦山核电站调试获得国家科技进步三等奖和中国核工业总公司科技进步二等奖。1992 年 7 月，秦山核电站达到满功率运行；1994 年 4 月 1 日，投入商业运行。1991 年，我在建设秦山核电站社会主义劳动竞赛中荣立一等功，享受国务院政府特殊津贴。

1991 年 12 月，中巴两国签订了建设巴基斯坦恰希玛 30 万千瓦核电站的合同。1991 年 12 月，我被中国核工业总公司任命为项目副总设计师，不久接任总设计师。尽管恰希玛核电站对外称是秦山 30 万千瓦核电站的翻版，但由于标准、厂址条件以及经验反馈等各种原因，恰希玛核电站实际上是秦山核电站的再设计、再创新，很多技术难题需要解决，给我带来更大的压力。

恰希玛地区的地质和气候条件与秦山完全不同。在沙土软地基上建设核电站难度很大，抗地震级别要求也高于秦山一期。由于西方国家的制裁，主要设备的进口渠道被阻。我带领工程技术人员，花费六年的心血，改变设备型号与设备设计，重新进行设备鉴定，完成了在非岩性地基上建造核电站的工程设计。共完成初步设计文件 667 册、工程施工文件 1799 册、设备设计文件 1044 册，还有安全分析报告和大量的设计计算资料等。经国内专家和国际原子能机构专家的评审，全部设计文件、分析报告等都获得安全认可。我在工程现场指导、协调恰希玛工程的施工、安装、调试运行，调阅各种文件、图纸，计算、复核核电站重要参数，在工程建设的关键技术问题上作出重大决策，确保工程建设顺利进行。我带领工程技术人员在秦山核电站的基础上进行了几十项技术改造，使其安全性得到提高，吸取国外核电站最新设计经验，使厂房布置在防水淹、防火、通道隔离等方面达到了国际先进水平，满足了国际原子能机构对核电站设计的安全要求。

2001 年初，我被中国核工业集团公司任命为中国百万千瓦级核电站标准设计总设计师。其间，我协调、组织国内三个核电专业设计院进行多方面的标准设计方案论证与比较工作，多次召开专家评审讨论会。结合我国核电设计能力与核电发展方向，确定了百万千瓦级核电站设计方案的总参数、系统配置、系统布置、安全壳结构形式等关键技术，为自主建设百万千瓦级核电站标准设计方案的完成做了大量工作。

（耿其瑞　原上海核工程研究设计院副院长）

努力掌握核电关键技术，促进关键设备的国产化

⊙朱霞云

1980 年，我来到上海核工程研究设计院，担任三室副主任，负责核电站一回路的研究和设计工作。

电加热元件是稳压器里的关键部件，我和技术小组的同事们共同努力，在生产厂家对研制的电加热元件进行了反复试验，使基本功能达到要求。但是，电加热元件的使用寿命及检修的可达性，尚需进一步试验。为保证工程质量和进度，当时秦山核电站稳压器的电加热元件还是选择了进口。

上海核工院的工程技术人员没有放弃这项工作，而是千方百计地加紧稳压器的电加热元件研制试验。经过努力，在相关厂家的支持下，国产稳压器电加热元

件很快获得成功，用到出口巴基斯坦的恰希玛核电站上，为掌握核电关键技术、实现核电关键设备的国产化迈出了坚实的一步。

在秦山核电站建设中，由我负责主管的另一个设备——中子物理启动仪的研制也获得了成功，但在工程建设中上报的设备采购清单里，中子物理启动仪仍需要进口。由于当时国家外汇储备很少，中国核工业总公司领导确定的原则就是能不买就不买，能省就省。于是，中核总主管核电工程的赵宏副总经理在征询大家意见时就听到了两种完全不同的意见：一部分人认为我们自己研制的中子物理启动仪已经取得成功，可以用自己的，不需要进口；另一部分人认为中子物理启动仪是关键设备，国内研制的还没有经过考验，万一不行，损失更大，还不如买进口的，性能稳定，保险系数大，安全可靠。为慎重起见，赵宏副总经理专门就中子物理启动仪的有关技术问题询问我：到底行不行？我本着实事求是的精神，向赵宏副总经理坚定地表示：由我们研制的中子物理启动仪各项性能指标均达到了设计要求，实验表明它的灵敏度同样达到了设计要求，与国际同类产品具备可比性，不需要进口。最后，赵宏副总经理采纳了我的建议，确定了秦山核电站的中子物理启动仪采用“中国制造”。除此之外，我和同事们还配合秦山核电站设计和施工解决了许多其他的技术问题，为秦山核电站的建设做出了贡献。

1990年，我被任命为上海核工程研究设计院总工程师，接替了生病住院的欧阳予总工程师。短短两年时间，在院长的具体指导下，我代表中方主持了恰希玛一期工程总合同的谈判；在巴方专家的配合下，组织编写了核电站描述文件，并主持完成恰希玛一期工程的初步设计工作。

在负责组织编写恰希玛核电站技术文件时，外方提出为了避免三里岛事件和切尔诺贝利事件的发生，恰希玛核电站相关技术标准既要执行美国标准，同时还要采用欧洲标准。特别是在如何杜绝反应堆放射性物质泄漏问题上，外方负责相关技术谈判的人员坚持己见，认为这是十分重要的条件。我和同事们凭着多年与核工程打交道的经验，以及长期不懈地跟踪和关注世界前沿核电技术发展、先进核技术标准的敏锐目光，耐心地向对方解释，当时欧洲国家有关的安全措施标准并没有经过充分检验，可操作性差，不属于国际原子能机构强制性规定之列。经过多次沟通和反复做工作，中巴双方工程技术人员终于达成了一致，在整个恰希玛核电站的设计和建造中，技术标准全部统一执行经国际原子能机构规定的美国核技术相关标准。我精心为恰希玛工程所作的前期准备，为后来项目的成功奠定了良好的基础。

（朱霞云　原上海核工程研究设计院总工程师）

上海728核工程设计院对全国十几个预选厂址反复调研、论证、比较，1981年12月，最终选定浙江省嘉兴市海盐县秦山作为中国第一座核电站建设厂址。时任国家重点工程办公室主任林宗棠、国防科工委副主任伍绍祖在选址场地上。

在反应堆安全壳自主设计施工中历尽艰辛

⊙夏祖讽

1974 年，我被选调到上海 728 核工程设计院，负责核电站主厂房安全壳设计。因为安全壳的结构比较复杂，本身就是一个组合，这使以前专搞基础理论的我，面临着很多难题。开始两年，我集中精力搞调研，在上海将能够看到的美国资料都看了，并把美国有关安全壳的资料都记下来，这些资料不是图纸，有的可能只是写下的一句话。这样积累下来，我的脑子里有了安全壳的大致框架。

有了框架后，首先得做试验。我和同事们做的关于安全壳设计试验的方案得到了秦山核电工程总指挥赵宏副部长的重视和大力支持。他特意在上海金山海滩为试

验找了一片空地，又在当时的土建工程公司里找了技术人员协助我工作。我根据掌握的资料，自己做了设计。当时没把握，还请来权威人士开会讨论。

有领导的支持，有建筑工地的人无条件的帮忙，需要材料，秦山核电工程指挥部就将材料送过来。当时，很多人都无法坚持，但我始终认为，别人能做的，我们也应该能做，总有成功的一天。当时没有机械设备，参加试验的十几个人全靠手工劳动，将近一吨重、数百米长的钢束硬拉到海滩上。测试的时候，每根钢束穿束阻

上海 728 核工程设计院的专家对反应堆堆内构件进行消除残余应力振动试验。

力很大，300 多公斤重的阻力，没有卷扬机，靠我和工人们人工拉进拉出，终于完成了试验。尽管吃了苦头，但在我看来，我们通过磨炼掌握了许多知识。1982 年，我和同事们完成了安全壳的设计方案。

为了保证设计方案安全稳妥，1983 年 9 月，我到美国一家公司学习先进的安全壳知识。从美国回来后，我们就正式出了施工图。

安全壳是防御放射性物质外泄的最后一道屏障。安全壳的结构设计体现了土建结构设计中复杂的荷载工况。我们秉着“不污染国土，不危害人民”的精神，将每一项工作都做到极致。

虽然我们竭尽全力将研究和试验做得很细致，可天有不测风云，当安全壳建到 30 多米高时，有人写信给中央，反映安全壳混凝土有问题。中央派来了检查组。有人说，安全壳搞不好，是要被“枪毙”的。我感到巨大的压力，在半年时间里，我吃不香，睡不着，所有的辛酸和委屈也不能对人诉说。但我还是自信的，对所做的事心中有数，确信设计是经得起考验的。

检查组跟我讨论施工缝是怎么处理的。我说以我为主设计的安全壳施工缝是按照国家建筑研究院编制的混

凝土施工规范做的，我把图纸拿来核对，与规范毫无差错。检查组专家又提出了混凝土质量问题，要在混凝土安全壳上取样，就是专门打个洞，把混凝土样本取出来。我坚决不同意这么做，我认为混凝土质量不好，在表面上会有一些小洞，可如果要在本体上取出来一大块，那以后这个洞怎么处理？在我的坚持下，检查组同意在工地里的一个试验段取样，因为混凝土质量是完全一样的。

为了检查安全壳的强度，检查组做了一比一的安全壳根部截面模型试验。试验进行了一段时间，检查组那位专家想知道安全壳究竟做得牢不牢，结果把他设计的反力架弄坏了，因为反力架的强度不如安全壳根部截面承载力大，但我设计的安全壳完好无损。专家反复测算和试验，证明我主持设计的第二代预应力混凝土安全壳符合安全标准，达到了合格要求。

完成了秦山核电站一期工程后，我国政府与巴基斯坦政府签订了建造恰希玛核电站的合作协议。上海核工程研究设计院负责该项工程的总设计，我被任命为土建专业的负责人。按照当时的设想，我国出口巴基斯坦的恰希玛核电站是秦山核电站一期 30 万千瓦机组的翻版。但与秦山核电站不同的是，恰希玛核电站需要直接建造在厚达150米以上的砂性沉积土上，而且厂址地区地震烈度高，地面加速度峰值达0.25克。这在世界上也是少有的，难度非常大。接到任务，我没想太多就开始干起来，看资料，做计算，向国际上的专家学者请教。最后，在大家的共同努力下，课题组在两年时间里，在“核电站土建结构在地震作用下的土体上结构的相互作用”这一领域取得研究成果，获得国际原子能机构专家的好评，成功地解决了恰希玛核电站建设的关键问题。

（夏祖讽　原上海核工程研究设计院土建工程设计师）

秦山核电站的核心设备蒸汽发生器在上海锅炉厂制造。

建 造

秦山核电为中国自主设计建造核电站开了路

⊙赵 宏

核电站建设是一个综合的整体工程，大体要解决四个方面的问题。首先，设计要符合国际原子能机构的安全设计标准，同时也要满足核安全标准，符合法规的要求。当时国内主管这些工作的就是现在的国家核安全局。其次，设备的研制任务艰巨。对于秦山核电站来讲，设备采购的要求是非常严格的。秦山一期虽然也引进了一些设备，压力容器是日本制造的，主泵是美国做的，但是很多设备需要自己研制，如上海锅炉厂的蒸汽发生器、稳压器，第一机床厂的堆内构件，汽轮机厂的汽轮机，电机厂的发电机组等。由于有了秦山核电站的订货，这

反应堆主厂房设备网架由中国核工业第二三公司制造。图为工人在秦山核电站核岛厂房吊装设备网架。

些企业才得到练兵的机会，进行研制和发展。

核电站中反应堆是核心，反应堆的燃料组件是最重要的一部分，一旦出现问题，就容易出现核泄漏。但是燃料组件的保密程度和技术要求特别高，我们由于有秦山一期的需要，四川宜宾的八一二厂组建了专门队伍研制制作燃料组件的材料，燃料组件的设计由上海核工院负责。设计组件不容易，必须保证绝对安全。材料研制也很不容易。组件制作是非常复杂的工艺，国际上能够真正制作燃料组件的国家并不多。在燃料组件制作上，我们下了大功夫。当时有位研究金属的老专家、院士，叫张沛霖，是中国科学院沈阳金属研究所的所长。他那时候已经70多岁了，腿也不好，艰难地往返于东北和四川之间，做了很多具体的指导工作。

（赵宏　原核工业部副部长，原中国核工业总公司副总经理）

秦山核电是中国核电的开篇之作

⊙于洪福

我是1964年10月从化工部大连化学工业公司调入二机部的，被分配到了核工业四〇四厂。我和来自全国各地的经过严格审查挑选的工人、干部、科技工作者们一起，为振兴我国国防事业呕心沥血、不懈努力，和同事们一道实现了国人的梦想。当我们用自己生产出的核材料做成的核武器爆炸成功的消息传来时，那种高兴的心情就像自己的孩子出生一样。

我在大西北戈壁滩上工作生活了18年后，于1982年4月到北京接受了新任务：去参与筹建中国大陆第一座核电站——秦山核电站。当时我自己一点思想准备都没有。到北京后，部长找我谈话，我第一个反应是，我

是学化工的，核电站主要是核反应堆工程，我心里不太有底。我就问部长：我行吗？部长说：这是部党组定的。关键你年轻，这是一大优点；第二，你这个人干事泼辣、认真，不会的你可以学嘛，这个事就这么定了。我大概用了半个月时间交接完工作，随后就到上海报到。那时候我们共产党员服从党的分配的观念特别强。我从那时起就下定决心，无论遇到什么艰难险阻，凭着对党和事业的忠诚，凭着要干出一番成绩的信念，一定要把这座核电站建成功。

1982 年 5 月 15 日，我坐了三天两夜的火车从大西北的戈壁滩来到上海。在与 728 工程筹建处的领导班子成员见面时，我发现班子成员我全都认识，党委书记俞潜，副主任陈曝之、周振远、钟兆府、赵志堂等，全都是在四〇四厂共事过的老同事，我们有共同的奋斗经历、共同的理想追求，所以我们一定能够排除一切艰难险阻，取得胜利。

1982 年 12 月 3 日，我带领第一批核电站建设先头部队进驻海盐。江南的冬季潮湿且阴冷，我们的职工来自五湖四海，北方人有些不适应，很多人冻得感冒了，有的还生了冻疮，许多同志在阴冷的房间冻得坐不住。

12 月 4 日，我们召开了进驻海盐后的第一次全体职工大会，会场就设在海盐县招待所的一个大房间里。简易的木桌就是主席台，50 多人坐在从食堂搬来的长条凳上。会议开始不久，会场上跺脚的声音从零星响起到连成了一片。我看到大家实在坐不住了，就大声说："大家起立，咱们站着开会。"这是一次不寻常的会议，是第一次核电站建设的动员大会、誓师大会。

秦山核电站是我们国家核电的开篇之作，当时没有经验可供借鉴，可以说是两眼一抹黑，前期准备工作也走过了十分曲折的道路，有的问题甚至惊动了中央政治局。

秦山核电站建设在当时有两大亟待解决的关键问题。第一，人才极度匮乏。建造秦山核电站的 20 世纪 80 年代，国家百废待兴、百业待举，各方面人才极缺，更不要说与建设核电站相关的专业人才，几乎不可能从社会上找得到。第二，建造核电站是一个十分庞大复杂的系统工程。由于是第一个，没有经验可循，一切都是摸着石头过河。建设过程中，项目管理主要内容、模式、主要程序，到底有多少个关键节点我们都不太清楚。这就给管理程序、计划安排、现场施工、过程控制带来很多问题。还有核电站的质量、安全、设备材料的特殊要求等方面，在当时都面临着严峻考验。

面对当时复杂的国际形势，我们坚持“以我为主”。我带领团队到国际原子能机构去学习考察，又从清华大学找到专业教科书，白天工作晚上学习，就是凭着一股不服输的劲头，在随后的九年里，突破了种种难以想象的困难，经历了难以言表的痛苦磨炼，才逐步把秦山核电站建设成功。

(于洪福　原秦山核电厂厂长,原核电秦山联营有限公司总经理)

秦山核电站是我国核电建设的开山之作，核电建设者克服了重重困难，反复试验，高质量地完成了核反应堆主厂房底板大体积混凝土施工。

核工业两支优秀的建筑安装队伍开赴秦山施工

⊙刘述英

秦山30万千瓦压水堆核电站，是一项开创性的高难度、技术密集的重大工程项目。与我们建设过的其他核反应堆工程相比，秦山核电站的工程质量标准提高了很多，技术难度提高了很多，总工程量加大了很多。因而，我们的建筑和安装公司面临的技术难题也更多，责任更重。

为了将我们的第一座核电站建好，核工业部建工局特意派出了二二公司（中国核工业第二二建设公司）第二工程处承担土建工程任务，二三公司（中国核工业第二三建设公司）第三工程处承担安装工程任务，浙江火电建设公司承担常规岛发电机安装任务（当时国家电力

部只许电力系统的施工企业承担发电机组安装任务）。二二公司和二三公司的这两个处都是在核工业四〇四厂、八二一厂建筑与安装过大型反应堆的优秀施工队伍。1982年年初，两支队伍的先遣人员进入海盐县城，开展前期工作。首先，工程技术干部按照施工总设计及相关的施工技术方案，建好了各自的加工厂、预制厂、实验室、焊化室、探伤室。两公司对面临的技术难题进行了预先试验和攻关。各项准备工作都投入了大量的精力。当时，也曾经想过向国外主要设备供货厂家——日本三菱重工咨询核岛安装的关键重大技术难题。1985年与日方开始谈判，1986年进行合同谈判，咨询主管道安装、压力壳安装、蒸发器安装三项技术，并请他们派人到现场指导。但是，日本政府故意刁难，不予批准，合同废止。这样，所有的技术难题都只能由我们自己来攻克了。

这是一个全国瞩目的工程，尤其在1986年4月26日苏联切尔诺贝利核电站发生核事故之后，秦山核电站常被人们质疑。万事开头难。我们从来没有建设过核电站这样高难度、高标准、高质量的工程，各方面都有一些不适应。工程之初，两家公司都遇到了工程质量受到质疑的情况。

1986年6月，遵照李鹏副总理的指示，国家核安全局和核工业部核电局联合派遣专家组，检查当时已经施工的安全壳20米以下筒体混凝土和钢衬里的质量。检查组提出25个质量问题，其中11个属于施工问题，14个属于设计选用标准低于美、法相关标准的问题。两家公司诚恳地检查，加强管理，改进工作，纠正了所有问题。

就在这个时候，我作为建工局总工程师被派往秦山，任建工局常驻秦山核电工作组组长，二三公司王心敏、常达超和关纪群任副组长。工作组成立的目的是建筑安装高峰阶段驻现场工作，对建筑公司和安装公司的工作进行监督、检查、协调。工作组的主要任务是：及时反映和解决秦山现场内部施工单位人、财、物问题；协调核工业部内公司施工中的矛盾；组织编制土建、安装综合性施工方案；安排60万千瓦核电站前期技术和施工准备工作。

在秦山核电站建造的过程中，除土建土石方开挖和基础浇筑前期我不曾经历外，作为工地的组织者和指挥者之一，我几乎经历了核电站建造的全过程。这是一段非常有意义的经历，让我的工作和生活相当充实。

当时两大公司的主要行政和技术管理干部都投入到了这一国家重点工程中。1987年3月，核工业部正式下文任命赵宏副部长兼任秦山核电公司总经理。在赵宏副部长的统一领导指挥下，大家齐心协力，科学地攻坚克难，解决了建设中的许多难题。同年，国家重点工程办公室主任林宗棠带领17名专家对秦山核电站的工程质量和安全问题进行了检查。专家组对安全壳钢衬里的设计和焊缝提出了质疑。秦山核电公司委托中国建筑研究院和冶金部建筑研究院，分别采用不同方法对安全壳20米以下混凝土质量进行检测。同年9月，核工业部科技委组织检测结果鉴定会，结论是质量全部合格，从而解除了人们对秦山核电站安全壳的疑虑。

秦山核电站一期工程比预定的工期延后一年，除施工没有经验外，拖期的主要原因是不能保障设备按时供货，或是设备质量有问题。我们两家建筑和安装公司，攻克了全部技术难关。

（刘述英　原核工业部建工局局长、总工程师）

精心组织，确保秦山核电站主体工程施工质量

⊙彭建认

1982 年 2 月，核工业部副部长周秩向二二公司正式下达了秦山核电站的施工任务。我被任命为中国核工业第二二建设公司第二工程处主任，负责二二公司秦山核电工地的土建工程施工。

1983 年年初，秦山核电工地还是一片不毛之地，不通水、电，路况也不好，有 200 多米的路段在涨潮时不能通车。6 月 1 日的开山炮响，虽然标志着建设大军开始移山填海，但是现场还不具备土石方开挖条件。怎么办？ 8 月 24 日，党委书记吴沛然和我主持召开了党委扩大会议和职工大会，号召党员干部、工人紧急动员起来，为完成土石方开挖的网络进度和年度计划而奋斗，

提出“全体职工总动员，苦干实干下半年，团结一致齐奋战，确保完成30万（立方米土石方）”，统一了全体职工思想。同时，第一次实行了“完成定额工作量提取奖励”的办法；在施工方案上果断决定改大爆破为深孔爆破，从上到下，10米一个台阶进行爆破，对预留边坡采用预裂爆破，为提前进入核岛基坑负挖创造条件。10月1日，秦山核电工地初步实现了水、电、路“三通”。12月31日，顺利完成年度施工计划。

多年的核工程施工经验告诉我，要搞好生产施工，首先要有合理健全的组织机构，要有精干得力的干部队伍。我根据秦山核电站工程的施工特点，决定打散原来的连队建制，组建综合性的施工工区。在各工区配备了具有实践经验的工区主任、党支部书记和主管工程师。工程公司机关按照党政分工原则，建立了政工系统科室、行政系统科室和后勤系统科室。经过调整，组织机构更趋科学，人员搭配更加合理，各级关系更加顺畅，适应了生产管理的需要。

◀ 国家核安全局对反应堆主厂房安全壳筒体混凝土钢衬里进行严格检查，经专家鉴定，秦山核电站核安全壳建造是一项优质工程。

建立健全了上自经理、党委书记，下到技术员、工长36个岗位类别的《二工程公司管理干部岗位责任制》共293条，试行了《百元产值工资含量包干》，拟制了《汽车运输及大型机械承包》《商品混凝土、钢筋、木制品、预制构件加工承包》《周转工具租赁》等各种形式的承包责任制，充分调动了广大干部职工的工作积极性。

在施工技术上，我和张志强总工程师积极配合，建立了施工技术方案研讨会制度。把全公司的技术员、施工员、各单位主管生产的领导，甚至班组长召集在一起，对施工技术方案逐项进行研讨，主编的技术人员讲解施工方案的编制原则、采用的主要施工方法和措施，让大家都参与其中，积极建言献策，集思广益，既改进了施工技术方案，又让大家充分理解了技术人员编制施工方案的意图，达成了共识，使技术方案在施工中得到落实。当时由于国家财力不足，以及国外的技术封锁，许多施工技术还得靠我们自己摸索。现场工程技术人员不负众望，先后获得了大体积混凝土施工防裂技术、混凝土“双掺”技术和安全壳预应力穿束张拉技术等部级科技进步奖。

根据核电站建设的特殊性，以及国际惯例和国家核安全局的要求，公司成立了质量保证办公室，组织技术人员编制了《秦山核电厂建筑施工质量保证大纲》，并在此基础上编制了《核岛筒身施工质量保证程序实施细则》。实施后，各工序穿插紧密，职责明确，效果显著，不仅保证了施工质量，而且加快了工程进度。公司成立了全面质量管理核心小组，各工区、各厂成立了质量管理小组，对全体施工人员进行全面质量管理教育培训，共培训了 13 次，建立了质量控制体系，确保了工程施工质量。

1987 年 10 月 5 日，美国核管会专家、美籍华人梁楚玉夫妇来到秦山核电站，在参观了施工现场后说："中国的核电站，包括台湾的八座在内，只有秦山核电站是中国人自己设计、自己建造的，只有秦山核电站的建设没有请外国人，这是值得骄傲的，这也是受世界瞩目的原因。"

国际原子能机构总干事布利克斯等专家参观后，评价说："秦山核电站施工建设总体是好的，是可以放心的。"

（彭建认　原中国核工业第二二建设公司第二工程处主任）

科学管理和规范施工，采取“武装到牙齿”的质量保障措施

⊙关纪群

1985 年 7 月，我在北京参加经理厂长学习班，准备结业论文答辩。突然，核工业部部长把我接了过去。我想，这一定是有大事了。果然，一进部长的办公室，我就感到气氛不比寻常。

办公桌上摆着两块焊接的钢板，部长表情严肃地让我拿起来看看。我仔细查看，发现钢板上有焊接缺陷，顿时明白了，这是承担秦山核电站核岛安装任务的第三工程处（中国核工业第二三建设公司第三工程处）在施工中出现了焊接质量问题。

质量是秦山核电站的生命，也是二三公司的生命。这件事刻不容缓，我立即中断了学习班的答辩，召集公

司总部的领导到北京开了紧急会议。

核工业部对这次出现的问题非常重视。赵宏副部长在北京部大楼主持会议。会议决定由我率工作组进驻秦山，并兼任秦山核电项目第三工程公司经理职务。

7月中旬，我带领二三公司计划、人事、物资、技术等部门的8名负责人正式进驻秦山核电站施工现场，当时他们被戏称为“八大帮办”。他们在第三工程处并没有新的职务，主要任务是更好地利用二三公司的资源，帮助工地解决问题，加强管理。

秦山核电站是由200多个包含着大量设备、部件、仪器、仪表和管线的系统组成的工程，约有设备3万台件，仪表和控制屏台1.76万台套，阀门1.17万个，它们互相用管线连接，组成系统。涉及的专业学科有反应堆物理、热工、水力、机械、电气、电子、控制、材料、化学、土建、核物理等。要使这些设备、部件、仪表等各得其所，相互接口得当，系统功能得到正确发挥、互相协调、安全可靠，其复杂性和高度的安全性要求非一般工程所能比。

秦山核电站工程项目划分为55个子项，其中除常规岛和海堤工程外，核岛及所有公用安装工程共计40

多个子项均由二三公司承担。其中最为重要的是反应堆工程，即核岛，它是整座核电站的核心。核岛不仅设备数量多、重量大，高温、高压的设备和管道多，而且主体各部件的同心度、精密度要求高。它还有大量的自控系统、各种电缆敷设，复杂的电器仪表和电控设备密集度、精密度等要求极高，同时施工环境的清洁度和防护安全度要求也很高。更为重要的是，核反应堆运行时处于强放射、强腐蚀以及高温、高压状态，不易检修，一旦发生事故，对人和环境造成的伤害是难以估量的。

怎样才能确保核电站万无一失？我和决策层提出了一个“永远的保质期”的概念，就是说秦山核电站不能出一点事故，也不能留一点隐患，要永远确保质量。我们要做核能造福人类的开拓者，不做贻害后代的罪人。

二三公司采取的质量保障措施是“武装到牙齿”。工地上最醒目的标语是“质量是秦山核电站的生命”，质量教育更是每逢大会小会必讲。思想认识到位了还不够，制度上的保障更是一环紧套一环，环环没有松懈。公司要求秦山工地上的每项工作都要有记录，无论出现什么问题，都要能找到当时的操作人员。技术人员在工程交底时要详细讲解质量要求，工人施工要按照要求自

秦山核电一期核反应堆主厂房。

检、互检、小组检，工地上还有人专检，专业的质量检查人员就有近200人。

材料供应是质量的第一道关口。为了把好材料供应关，公司建立了严格的材料保证体系，为材料供应部门配备了质保工程师、质检员和材料档案管理员。采购材料时对合格的供应商也要精挑细选，由材料、技术、质量三个部门共同严格审查。在审查中不看企业名气，不看材料品牌，连钢铁行业老大哥鞍钢提供的材料也不能免检。在材料检验时，供应商仅仅提供合格证是不行的，工地上的化验室还要取样化验，复检合格后方能入库。对于入库的每一批材料，都要进行编号，以备必要时检查、追查。

一家经过层层质检拿到了合格证的供应商给工地的领导送来了一些肉脯，我二话没说就给退了回去，还让人转告对方："他要想干就别搞这一套。"我还给公司领导班子成员立下一条规矩：供应商请吃饭，一顿也不能吃。甚至当地老乡给工地送来了一些花生，我依然照章办事，全部转送给托儿所。即使是当时的核工业部领导来工地，也只能在工地食堂花粮票吃饭，以现在的眼光来看，这些要求似乎有些苛刻。但正是因为有这样一个廉洁自律的领导集体，有一支纪律严明的施工队伍，才为秦山核电站建起了坚不可摧的质量堡垒。

一个冬日的早晨，一个意想不到的问题出现了：安全壳钢衬里焊接出了质量问题——钢衬里的负 18 米底板二次屏蔽墙脚下的焊缝出现了一条长约 2 米的裂纹。

消息在工地传开，人们议论纷纷：有说是安装导致的，也有说是设计造成的，还有人说“二三公司也不过如此”。

对于这样的评价，上自经理，下到现场施工人员，无不满腹委屈。我们不怕吃苦，当年在茫茫戈壁滩上、在大山深处一待就是十几年，就算在那样恶劣的生存环境下，二三公司也从来没有在工程质量上出现过任何问题，创造了中国历史上数个“第一”：第一座浓缩铀工厂；第一座军用生产反应堆、石墨重水堆、核潜艇动力堆、高通量堆及其他类型的反应堆；第一座核燃料后处理厂；第一个核武器研究大型基地；第一个受控核聚变装置；第一台大型正负电子对撞机……因此，二三公司也获得了核安装工程“国家队”的美誉。作为中国核军工的王牌企业，而且一直以焊接见长的二三公司在质量上面出了问题，还有谁能够解决呢？

1984年，为掌握核电安装技术，二三公司派考察组到法国学习核电站建造焊接技术。开始法国人瞧不起中国焊工，态度傲慢，要求先测试中国焊工的技术。焊工金仁根就随手焊了一道焊口。法国人检查后，十分吃惊，并惊讶地问："你们这样的焊工还有多少？"得知还有20多名后，法国人竖起大拇指说："有这样的焊接技术，干核电没问题，这样的焊工已经合格了，不用培训。"在秦山核电站工程的施工中，二三公司对于焊接的规程更是严格要求，每一个主回路管道焊口的位置都有一名记录员，开焊时间、焊接时间、进度、速度、焊接厚度全都记录在册，焊接完一段后，还要进行打磨，用着色剂检验是否有微裂纹，对焊接速度也有严格规定。

可是，现在的事故又是怎么回事？

核电建设无小事。焊接"裂纹"的消息传到了中央，国务院立即组织了焊接专家小组、混凝土专家小组，来到秦山核电站施工现场进行检查。经过仔细检查发现，裂纹主要是焊接结构设计不合理造成的。这件事给二三公司敲响了警钟，只顾工程进度，忽视这是我国第一座核电站建设，不在施工中对设计提出疑问，是不可能顺利完成核电建设任务的，也不能确保核电站建成后的安全运行。

从工程施工开始，二三公司就面临着诸多新的技术难题。主设备管道焊接就是其中一个大课题。焊接钢管存在膨胀问题，但是管子膨胀的数据是多少，美国人不会告诉我们，法国人要收20万美元的咨询费，其他国家则附带许多政治条件，这都是我们无法接受的。核工业部总工程师李延林提出："我们中国人一定要争口气，自己解决这个问题。"技术人员做了6000多次试验，最终从6000多个数据中找到了正确的答案。

在制作全国最大的球形网架时，同样是无处可学，全靠自己摸索，第三工程处加工厂厂长买来许多苹果，在苹果上反复画线，终于找出了制作方法。

（关纪群　原中国核工业第二三建设公司总经理）

核电站建设队伍是从秦山核电逐步发展壮大的

⊙王寿君

20世纪80年代初，核工业二二公司第二工程处和二三公司第三工程处从四川三线建设工地奔赴秦山，这是两支从事军用反应堆工程土建和安装的优秀队伍。当时核工业部选择他们去建设秦山核电站是经过深思熟虑的。

秦山核电站在1982年开始动工，1985年浇筑第一罐混凝土，至1991年开始发电，虽然中间也出现过一些问题，但是工程进展总体上还是比较顺利的。由于当时的施工机械设备还比较落后，因此遇到过不小的困难。比如，后来建设江苏田湾核电站使用3200吨的吊车进行穹顶吊装，一下能平移50米，直接扣盖。但这在秦山一期那时候是不可想象的。建设秦山核电站时用的是核工业四七一厂制作的塔吊，叫“三个100”，是指能吊起100吨，回转半径100米，起重高度100米。这个设备吊不动穹顶，所以当时就将穹顶分成了两半，先吊一半，再吊另一半。核电站的工程质量都是按照核电站反应堆的要求，施工队伍非常严谨，非常细致，充分体现了我们核工业人艰苦奋斗、连续作战的精神，也体现出我们今天提倡的“四个一切”的核工业精神。在秦山核电站建成的庆祝大会上，大家共同回忆了建设时的情景，当时邹家华同志还为秦山核电站题词“国之光荣”。事实证明，秦山核电站确实当之无愧。从秦山一期到今天，经过了30多年的发展，核工业建设队伍从只有建一个堆的能力，一点一点发展起来，到今天已具有建设40个堆的能力了。

现在回想起来，要说当年建秦山一期最难的是什么，我认为最难的是质量要求非常高。既要满足军用反应堆的要求，又要符合国际上核电站建设的标准。数据文件各方面要完备，一切都要有据可查。秦山一期还有科研项目，比如专业技术培养焊工，我们当时培养一个焊工的投入比培养一个博士生的投入还要多。

在秦山一期建设时，我经常去工地现场。当时领导非常重视秦山核电站的建设，核工业部副部长赵宏同志在现场指挥，设计上有欧阳予院士把关，还有上海核工院的专家，以及来自建工局、四〇四厂、二二公司、二三公司等核工业企业的不少骨干力量参与建设或组织指挥。在赵宏副部长的领导下，大家在工作中配合默契，克服了各种困难。秦山一期、二期的建设，使我们不断总结经验。后来又在和法国人合作建造大亚湾核电站、和加拿大人合作建造秦山三期核电站的过程中，我们培养了“以我为主，中外合作”的核电建造力量。

（王寿君　全国政协常委，中国核学会党委书记、理事长）

在施工中改大爆破为深孔爆破，为秦山核电提前进入核岛基坑负挖创造条件。

核电长子，中央关注

⊙郑庆云

秦山是中国核电的长子，备受党和国家领导人的关注。

1986年元旦刚过，国务院副总理李鹏同志从北京专程赴秦山考察，1月5日考察了秦山核电站建设现场。我随蒋心雄部长参与了这次活动。当时秦山30万千瓦核电工程已经开工近9个月，安全壳本体高出地面8米。李鹏同志在现场听取了核电厂领导和总设计师欧阳予的汇报，对工程技术参数和核电站投资、预测的发电成本等经济指标问得很细。在对职工的讲话中，他指出：要在实践中摸索出自己的一套经验，走自己的路，同时吸取国外的先进技术，把我国大陆第一座核电站建设好。李鹏同志还为核电站题了词：“同心协力，保证质量，为建设我国第一座核电站而努力奋斗。”

回上海后，李鹏同志还把发展核电的整体想法与蒋心雄、周平等同志进行了交流。他说：想把核电站建设都交给核工业部。水电部现在整天忙水电、火电都忙不过来，哪有时间研究核电。你们就不一样了，党组首先研究这个问题。这样，30 万职工的积极性就都调动起来了。

在上海宾馆的会客厅里，挂有苏轼的一首五言律诗，其中一句"许国心犹在，康时术已虚"，李鹏同志反复念了两遍，对大家说：这正好反映了核工业战线上一些老同志的心情。核工业部现在保军转民，你们的战略地位很重要，但目前有困难，处于低潮，要保存力量，把核这个事业继续下去。

从 1986 年到 1996 年这 10 年间，李鹏同志三次考察秦山核电基地。

（郑庆云　原核工业部政策研究室主任）

“杜拉事件”令人刻骨铭心

⊙蒋心雄

说到秦山一期的建设，1986年是风雨飘摇的多事之秋，这一年整个工程差一点就下马了。因为混凝土浇灌出现了质量问题，安全壳钢衬里焊接出现裂缝。在这样的情况下，反对自主建设核电站的人本来就“死盯”着这个项目，有一点问题就往上反映，再加上质量问题，工程被迫停下来，搞补救。另外，因为这是大陆第一个核电站，所以国外友人去得比较多。当时国际原子能机构的一名工作人员杜拉带着夫人去参观，对现场管理不是很满意。适逢下雨，工地上没像样的道路，一脚泥一脚水，杜拉的夫人当时说了一句话：“哎呀，这简直是一场灾难！”结果我们接待陪同的工作人员便写了份简报，说外国专家带夫人看了核电站建设现场以后很感慨，说恐怕这将来是一场灾难。这份材料翻印了20份。这样的简报一出，有一份到了电力部一名同志的手里，结果电力部的一个老领导给中央写了半页纸，说如果不管一管核工业部的建设，将来可能就是一场灾难。这半页纸连同简报一块儿送到中央以后，好多领导同志都作了批示。中央领导请李鹏同志关注一下这个事情。

在那个时候，因为质量问题、资金问题、进度问题，这个工程差一点就被掐死在摇篮之中，所以，那一年确实是内外交困。

“杜拉事件”给我们敲响了警钟：核电站建设必须按照国际标准规范加强管理。后来我们请了国内的专家反复检查质量问题，又请了德国的专家来检查。检查汇报完以后，中央领导给了个机会。当时多数还是支持我们核工业部把这个核电站搞起来的。我们立时就挺起腰杆，集中技术，集中骨干，集中力量，全面搞质量整顿，保证“质量第一”和“安全第一”。

当时中央书记处说秦山质量有问题，准备把赵宏同志撤职，但是赵宏同志还是勤勤恳恳在工地那儿干。可是我若不执行，将来有问题，就拿我是问。

1986年，黑龙江大兴安岭发生了一场大火。大火以后，撤了一位省长和一位部长。我们秦山发生了问题，后来参照这个处理方式，撤了一位总经理，调整下来去抓秦山二期。可以说，秦山核电站建设是克服了重重困难的。在当时搞核电没有经验，那么一个大工程，完全没有小的质量问题是不可能的。关键是出了问题以后怎么对待，采取措施补救很重要。现在回过头来看有些问题，其实没那么严重，但是当时人们就很恐慌。这都是因为秦山核电站是第一个，没有参照。现在核电站的焊接质量若有点小小问题，根本不出工地，建设公司自己商量商量就解决了，不用上报中央。

当年秦山核电站建设还遇到一些设备问题，上海的汽轮机以及一些大设备的生产、质量和进度都跟不上。李鹏同志跟我说：你代表国务院去检查一下，告诉他们国务院充分重视这个工程，叫他们不能耽误。他还让朱光亚同志陪着我一块去检查一下。后来我跟朱光亚一块儿到上海锅炉厂和上海汽轮机厂，去检查上海设备制造厂的工作。

秦山核电工程虽然磕磕碰碰、多灾多难，但是也锻炼了队伍和领导干部。在锻炼了一批干部的同时，也保护了一批干部。

（蒋心雄　原核工业部部长，原中国核工业总公司总经理）

南斯拉夫克尔什科核电站厂长杜拉与中国签订培训核电站控制操纵员、培训技术交流合作协议。

秦山核电遭遇的挫折令人难忘

⊙赵　宏

秦山核电站是我们自主设计、建造的核电站，其间出现过一些问题，也遭遇了很多挫折。1986 年，开工一年多的时候，就遇到安全壳质量问题。安全壳的混凝土浇筑是一层一层进行的，中间会出现缝隙，叫施工缝，这个环节应该得到很好的处理，但是我们处理得不够好。中国建筑科学院的人看了之后，提了一些意见，国际原子能机构的杜拉看了现场，也不是很满意。中央领导把此事交给李鹏具体负责。李鹏同志要搞清楚到底是怎么回事。1986 年是个敏感的年份，因为发生了切尔诺贝利核事故，后果非常严重。所以，李鹏同志就组织了一个很强大的检查组，组长是国家经委副主任林宗棠，他召集各路专家，包括清华大学的校长。这些是真正的专家，很认真、很专业，也很客观，对工地的工作做了全面检查，半个月之后向李鹏同志做了汇报。

在当年临近春节的时候，我接到电话，说让我去一趟中南海。我去了李鹏同志的办公室，检查组的十几个成员正在汇报情况，汇报的内容主要是有哪些问题、问题有多大、前景怎么样。检查的结果及结论是，总体的情况是好的，但是确实存在一些问题，有些是技术问题，有些是管理问题，需要很好地整改，才能够继续进行。检查组还提出了具体的意见，比如建议我去当厂长。我从 1982 年起就是核工业部的副部长，原来是分管，这次就不是分管了，直接去一线。李鹏同志说，人家都叫经理，你也别叫厂长，叫经理吧。当即决定让我去兼任秦山核电站的总经理，也就是秦山核电公司的第一任总经理。

因为有个副部长的头衔，在协调各个单位的过程中，以及采购环节，还算比较顺利。为此，1987 年 7 月，国务院还专门为秦山核电工程项目发了一个 15 号文件，文件说明了秦山核电站建设的情况、存在的问题、应该采取的措施。1987 年的春节，我直接去了秦山。首先是抓管理，建立、加强质量保障体系，建立符合核电站的质量体系。其次，对参加核电站工作的施工单位加强培训，加强教育，使每一个细节都符合要求。最后，对已经出现的问题，一个一个地认真分析，查找原因。

一个国家建核电站，要有一个相应的核安全监督机构。我们国家的核安全局是1984年成立的，首任局长是姜圣阶。1986年，核安全局开始颁布各项法规。但是秦山核电站在1985年就已经开工，因此要进行追溯性审查，合格就通过，不合格就必须整改返工。为此，我们增加了很多安全系统。尽管这样，还是出现了一些问题。1987年10月，李鹏副总理再次召开会议，以核安全局为主进行汇报，我被通知参加会议旁听。核安全局从独立公正的角度汇报情况，基本肯定了我们的工作，对工程进展也比较满意，因此工程得以继续进行。

由于设计修改，增加了很多系统，比预算多花了一些钱。1984年批准项目的时候投资是8.15亿元人民币，后来由于安全性和质量要求提高，钱不够了。于是我在会上表态：我们继续努力干，努力改进，但是钱不够。李鹏同志就问“你说多少钱”，我说12亿，他很痛快地答应“好”。后期由于物价上涨、外汇额度紧张等问题，投资资金又不够了。经过决算，最终的投资是17.75亿元人民币，比12亿多了一大截。即便这样，30万千瓦，

平均每千瓦时耗资约 5900 元人民币，比进口核电站还是便宜了很多。

另外，就是工期的问题。从浇筑第一罐混凝土开始到满功率运行，秦山一期的工期超过了 80 个月。工期比预计延长，支出超预算。但是一期仍然起到了比较重要的作用，设计、施工、建造、调试、运行在各方面均迈出了第一步。当时我们连调试都不会，钱剑秋等人被派去日本学习，首批操纵员也被派往南斯拉夫、西班牙受训。我们一方面自己做，一方面尽可能地和国际接轨，加强和国际原子能机构的合作，而不是一味地简单闷头做。当时的国际原子能机构总干事是瑞典的外交部原部长布利克斯。他来过秦山，当时秦山条件较差，招待所很破旧，也没有像样的轿车，只有面包车接送。但是他工作态度严肃认真，还派人来秦山进行核安全文化的培训。后来，秦山一期在运行过程中也出现过一些问题。驱动机构的套管设计薄了，出现微裂纹。当时姚启明是总经理，我已经回到北京，但还分管这方面工作。后来又出现了 T6 事件，当时林德舜是总经理。那时候解决处理这个问题很难，这说明我们经验还是不足。1990 年前后，酝酿计划上马二期工程，设计为商业堆，目的目标都十分明确。

当时有人说，秦山核电站搞了很多年，才搞了30万千瓦，有什么意义呢？原型堆，是试验堆。最重要的意义不是说秦山一期发了多少电，而是秦山一期的建设、运行为中国核电做了试验，起了领头作用。

原核工业部部长刘杰、副部长赵宏及原秦山核电站总设计师欧阳予院士在秦山核电站主控室。

我们的试验是成功的。比如燃料组件问题，不仅解决了秦山地区的核电站组件问题，同时还解决了法国进口的大亚湾、岭澳核电站的组件问题。田湾核电站用的是俄罗斯的技术，但是我们也解决了它的组件问题。如果没有秦山核电站的这种探索和尝试，我们就不可能设计出适合从法国、加拿大和俄罗斯进口的核电站的组件。至于其他的设备，也是历经艰苦不断地改进。比如蒸汽发生器，本身技术非常复杂，要求也高，体量大。还有施工现场的管理，以及各种专业工种现场的施工、安装和调试等十分复杂的工作，我们都在秦山一期取得了成功。

我认为，秦山一期的意义在于：它给中国核电的建造和运行开了路。吴邦国同志为秦山题词："中国核电从这里起步。"还有彭真同志，当时已经 89 岁，本来在杭州休养，知道浙江有座核电站，想了解情况。为此，我和钱剑秋专门去杭州向他汇报，并为他画了简单的图。后来，他还是亲自去了秦山，并且到安全壳里去看了，看后很满意。

（赵宏　原核工业部副部长，原中国核工业总公司副总经理）

宣传普及核电知识，消除群众恐核心理

⊙林德舜

1965年我从中国科学技术大学毕业时，主动要求去青海二机部二二一厂实验部工作，先后参加了原子弹新起爆方式和反导系统的环境变化对核装置的影响等课题的系列研究试验工作，并两次参加了国家核爆试验。1970年，我随三线搬迁来到四川省二机部九院一所工作，在那里度过了16年。1986年，我奉调来到秦山核电站。

建设核电站，首先要解除当地群众对核电站的恐惧和误解。我们核工业第一代主要是造原子弹、氢弹。第二次世界大战的时候，美国在日本的广岛和长崎扔下了两枚原子弹，令人印象深刻。加上核工业过去保密，不宣传，人们都是通过原子弹、氢弹来了解核工业，因此对核有恐惧心理。但实际上，核电站是利用原子核裂变以后产生的能量来发电，跟搞原子弹是两码事。但是，海盐人对核电站了解不够，社会上对核电站的了解也是比较少。后来我们针对这个情况做宣传，比如县里开大会或者乡镇开会时我们就去讲，去宣传。我还到县人大做报告，给大家讲核电站到底是怎么回事，解除大家的顾虑。我们还经常把县里、乡镇各部门的领导请到核电厂参观，请他们看看核电厂到底是什么样，向他们讲核电站的原理是怎么回事。通过一系列的核电知识普及和宣传，海盐居民对核电从陌生排斥转变为熟悉接受。后来海盐的一些未婚适龄女青年找对象时甚至把我们核电厂的小伙子当成了香饽饽。

核电在我们国家是一个开创性的事业，特别是秦山核电站的建设。人的一生时间有限，而工作时间更是只有短短三四十年，能献身去做这个开拓性的工作，为国争光，填补空白，是非常光荣的。还有就是责任感，既然这个行业国家需要，又有一定的风险，那我们就更应该把这个行业建设好，把核电站运行好，让党和国家放心，让当地人民放心，所以我觉得这是很了不起的事业。

（林德舜　原秦山核电厂党委书记、总经理）

秦山核电建设完全靠我们自己做主

⊙钱剑秋

秦山一期有很多特色。第一个特色是，中国大陆第一座核电站从这里起步，是中国核电从无到有的开始，同时也是核工业第二次创业的开始。现在，搞核电都有“样板”，程序是现成的，设备进场也比较成熟，相对来讲，比较顺利一些。作为核电事业的拓荒者，我们开始搞核电的时候什么都不懂，到日本去学习、调研。因为当时搞设计的、搞设备的、搞建造的、搞运行的……各个行当都没有经验，而搞核电站设计难度就更大了，所以秦山核电站是中国核电行业“第一个吃螃蟹的”。秦山核电站的建设完全靠我们自己做主，自己说了算。因为是第一个，所以碰到的问题也比较多，什么T4呀

秦山核电站反应堆主厂房封顶。

T6 呀，蒸汽发生器的分离器达不到满功率呀……像这样的事情，都是秦山解决的。它是原型堆，压力壳的盖子不能到 30 点，甚至不能到 20 点，怎么办呢？改！换大盖。现在仪控技术都是数字化了，不是模拟型的。这种改造很成功，在原型堆核电站这是很了不起的，我很佩服秦山核电站建设者们的勇气。

第二个特色是，秦山一期最初的反应堆是设计成一个原型堆，但通过建设者们多年的努力，通过技术改造、技术改进，它变成了商业堆，而且不仅是商业堆，还是改进版本的商业堆。这里面有很多文章。比如数字化改进，这是新潮流，现在有好多电站都没有实现数字化，但它实现了。这是很了不起的！再比如功率的提升，它现在的功率是 31 万千瓦，比原来设计的还高。下一步是 33 万、35 万地往上走，这都是经过科学分析的，不是蛮干。反应堆还得到了延寿，不仅要干 30 年，还要干 50 年。这些工作都已经开展，而且都得到了批准。此外，这个电站的特点是反应堆容量比较大，现在放 30 万千瓦，它吃不饱，汽轮机容量也比较大，也不是 30 万，是 33 万，它的说明书写的就是 33 万，那怎么才到 30 万、31 万就上不去了呢？因为发电机卡住了，发电机的设计就是 30

万。他们下一步有一个计划，就是改进发电机。所以我认为，他们的勇气、信心是非常足的，而且成效也很好。

秦山核电站是第一个走出去的。秦山一期建成后，又帮助恰希玛核电站设计、建设、调试、运行、检修、换料，刚开始是我们全包，现在慢慢都交出去了。所以我觉得秦山一期是有特色的，而且有两位中央领导来题词，可见其重要性。

我上次去台湾访问，参加座谈，介绍了秦山一期的建设和运行情况，人家对我们秦山一期的人频频竖起大拇指。台湾有核电站，但全都是买美国的，我们的秦山核电站是自己建造的，所以他们佩服。

（钱剑秋　原秦山核电有限公司副厂长兼总工程师，
原秦山第三核电有限公司总工程师）

上海市在核电研究设计和设备国产化方面做出了重大贡献

⊙钱惠敏

上海市从20世纪50年代就开始我国核电站建设的筹备工作，60年代，中央就同意上海筹备建设小型动力堆。1970年2月8日，遵照周恩来总理的指示，对核电站的建设和设备研制工作进行了专门的部署，从这个时间点算起，至2020年已有50年了。

当时，上海市七二八办公室的任务很重，为了研制国内首套核电站设备，市七二八办公室组织了上海地区180余家制造企业、研究单位和大专院校，从材料制造工艺、设备验证开始，进行了400多项科研攻关任务，经过长期艰难的工作，攻克了一个又一个难关，最终为秦山30万千瓦核电站提供了近50%的设备，其中有蒸汽发生器、稳压器、反应堆堆内构件、核燃料装卸料机、控制棒驱动机构、核二级泵、汽轮机、发电机等核电主要设备，为我国首座核电站——秦山核电站的设备供应做出了贡献。

1986年初，在核工业部领导的建议下，上海市政府同意将上海市七二八办公室更名为上海市核电办公室。同年，上海市工业党委、市经委向中共上海市委、市政府呈报《关于明确上海市核电办公室职责任务的报告》。

在我从事核电工作期间，上海市核电办公室还为出口巴基斯坦的30万千瓦核电站工程，为我国的60万千瓦核电机组（秦山二期）建设，为百万千瓦级核电站（岭澳核电站）的建设，以及10兆瓦高温气冷堆、快中子反应堆的建设做出了巨大贡献。

在核电站建设过程中，设备是非常重要的一块，设备的质量取决于设备的设计质量、部件质量，甚至每一个零件的质量。只有每台设备的质量得到保证，才能确保核电站的安全运行。上海市核电办公室十分重视设备出厂验收，以及设备的安装、调试工作。1990年，在秦山核电工程安装、调试阶段，上海市核电办公室专门成立了上海市秦山30万千瓦核电工程现场服务队。在一年多的时间里，服务队每周一去核电工程现场，下午与设备处交流设备交货的情况、现场安装的情况；周二上午参加中核总赵宏副总经理主持的现场调度会，赵副总多次在调度会开始时讲："今天上海市核电办的同志来了，大家在安装调试中有缺件的、需要图纸资料的，都可以提出来，请上海市核电办的同志帮助解决。"我们晚上返沪后，第二天就把会上提出的需要解决的问题一一帮助解决。1991 年过春节时，我们接到电话，有一个系统在试压，但压力就是上不去，经现场分析，认为不是系统的问题，估计是当闷头的阀门密封有问题。当时，我们把阀门尺寸、压力等参数问清后，马上通知了工厂。第二天，正好是大年初一，阀门厂的厂长与司机带着阀门赶往现场，一路上饭店、商店都没开门，他们是饿着肚子把阀门送到现场的。当现场的同志知道他们还没吃饭时，就在食堂里下了一碗面，煎了两个荷包蛋招待他们。阀门更换上去后，压力打上去了，问题解决了，他们才返回上海。

秦山核电厂并网发电以后，每年都有一次大修，大修计划安排的时间是非常紧凑的。1994 年，大修的时间正值春节，为了确保大修正常进行，事先预想了大修中

可能会碰到的问题，工厂大修指挥部的副总指挥来电说明了情况，请求上海市核电办公室配合。我们把情况搞清后，召集了上海9家工厂的核电负责人，又请秦山核电厂的施总参加，紧急做了部署，要求这几家单位的厂领导、核电负责人春节期间不能离开上海，并保持电话24小时畅通，保证随时能够联系到。那一年，由于准备工作做得比较充分，没有发生需要应急处理的情况。

秦山核电厂安全运行了12年，上海提供的设备也安全运行了12年，没有出现重大缺陷，更没有因上海生产的设备而造成事故。秦山二期60万千瓦核电站项目开始建设后，我们又提出NSSS系统的反应堆压力容器、蒸汽发生器、稳压器、反应堆堆内构件、控制棒驱动机构、核燃料装卸料机和锆-4合金燃料包壳管等七项设备综合起来开展技术研究和设备研制，其目的是掌握核电站反应堆堆芯本体和反应堆核蒸汽供应系统中最核心的制造技术。七项设备均按国际标准——法国民用核电标准（RCCM标准）或美国机械工程师协会标准（ASME标准）要求制造，并以国际上该领域技术最先进的公司为标杆，采用了适合工厂的先进工艺技术，综合了精密加工、焊接、机电一体化等方法，七项主设备均填补了国内空白，并达到国际同类产品的先进技术水平。2002年，上海市核电办公室牵头组织有关核电设备和材料企业向上海市政府申请上海市科学技术进步奖，经上海市50多位专家评审、调研，历时四个月，于2003年1月27日，“大型压水堆核电站核岛设备关键技术研究与设备研制”项目被评为上海市科学技术进步一等奖。

（钱惠敏　上海市核电办公室原副主任）

1989年4月，秦山核电30万千瓦蒸汽发生器在上海锅炉厂研制成功。

秦山核电建设带动和提升了我国核电设备材料的制造能力

⊙陈菊生

1963年，我从上海交通大学毕业；1966年，响应毛主席的号召，支援大三线建设，到了贵州凯山航天部3257厂（专业铸锻厂）。工厂建在深山老林中，前不着村，后不着店。衣食住行、教育、卫生统统由工厂包揽，连邮局、安保、消防也由工厂自己解决。工厂负担实在太重，年年亏损。

1979年，我被推选为厂长，走上了领导岗位。工厂响应邓小平同志号召，改革开放，“保军转民”，“以民养军”，我带领生产科科长、技术科科长赴京到相关部委调研。当时国家出台了“调整、巩固、充实、提高”八字方针，除了30万吨大化肥和7万吨乙烯装置继续进口，其余的项目都得下马。我瞄准石化行业，跑了贵州省化工厅、省化机厂、省化肥厂、省化工厂和航天部150厂，组建起贵州省化工机械联合公司，我出任总经理。公司将贵州省化工厂、化肥厂的备品配件统统承揽下来，可是这一点产品对于1400人的工厂来说还是“吃不饱”。我同省化工厅的领导一起去石油化工部找贺明华总工程师，请求将全国化工配件订货会放到遵义市开。1983年3月，全国化工配件订货会在遵义宾馆召开，我抓住千载难逢的机会，组织贵州省航天局的12辆大客车，安排与会人员上午参观遵义会议会址，下午参观3257厂。大家看到3257厂技术力量强、设备新、检测仪器先进，纷纷订购石化配件。令我印象特别深的是，当时前进化工厂的王科长打电话给我说，上海一家钢厂4340超高压机基环研制了半年仍未成功，希望将4340钢锭空运来3257厂。我同意后，他们包了一架货运专机将一支4340钢锭运到了3257厂。我组织攻关小组夜以继日研制开发，只用了一个多星期就研制成功。这一消息在石化系统传开了，化工配件的订单纷至沓来。

1981年，为了能较好地完成化工配件生产任务，我向上级领导打报告要求实行承包经营，贵州省航天局请示航天部，航天部同意我们承包经营。我对车间和科室实行分承包制度，又推出了“一业为主、多种经营”的理念，职工的积极性和创造性被充分地调动起来了。我号召全厂职工通过老同学、老同事、亲戚朋友为工厂寻找适销对路的民品。职工于勇豪介绍说自己的邻居是上海良工阀门厂刘祥生厂长，他们急需上万件秦山核电站核级不锈钢阀门锻件，因核电站的设计寿命是30年，因此每件锻件都要保证至少使用30年。上海、广州、北京的同行都不敢承接。我得知后，就连夜赶到于勇豪家中与刘祥生厂长会面，第二天就在上海良工阀门厂签订了100多万元的核电阀门锻件合同。上海市核电办知道这件事之后又找了9家核电设备制造厂，与我们签订了1000多万元的核电锻件合同。

我高高兴兴地返厂，组织攻关小组研制开发。但是，因当时贵州省航天局上马了汽车项目，要我去搞汽车发动机，我就把核电锻件任务交给总工程师去抓。厂里研制了半年，因电弧炉炼不出超低碳不锈钢，定碳泵、喷淋泵大锻件因厂里只有3吨自由锻锤，打不动而生产不了，所以厂里打了退合同报告，局长拿到报告后马上打电话到香港要我立即回厂抓核电锻件任务。我回到厂里，把图纸、技术资料及初试资料统统搬到办公室，三天三夜一直在办公室看图纸、查资料，困了就用冷水洗洗脸继续干。我调整了攻关小组人员，制订了周密的研制计划，为了保证每一件锻件的使用寿命能达到30年，采取了实名制、留名制，自检、互检和专职检查等措施。经过一个月的精心研制开发，上海锅炉厂堆内构件核Ⅰ级锻件终于研制开发成功，航天部和核工业部为此召开鉴定会，认定锻件"填补国内空白，为国内首创"。核Ⅰ级钢锭去中科院抚顺钢厂采购，大锻件请上海重型机器厂使用万吨水压机协作加工，这样拼搏了一年，我们终于全面完成了任务。上海阀门厂、上海核电办给我们送来"核电先锋"的锦旗。"728核级不锈钢工艺"获航天部科技进步一等奖第一完成人。"空心球体整体锻造" 获航天部科技进步一等奖；"核Ⅱ泵"获上海市优秀新产品科技成果一等奖。

由于核电任务完成较好，产生了"核电效应"，上海和北京的许多军品、高科技民品铸锻件都向3257厂求援，3257厂民品任务越来越多。1987年，在全国同行业百强企业评比中，3257厂以人均产值超万元、人均利润超2000元夺得全国之冠。厂里经济效益好了，

不忘为职工谋福利，老工房扩建了阳台，每家每户建了独立厨房间和独用卫生间，全厂520户家庭装上煤气灶，用上了清洁能源，水、电、煤气统统免费供应。3257厂在上海、苏州办了两个联营厂，精铸件出口美国、德国、新加坡，为国家争创外汇。工厂还为支内职工在上海、苏州购买165套商品房（职工自理1/4），解决了支内职工的后顾之忧。我被评为贵州省先进厂长、航天部优秀企业家。

1997年，我退休返回上海，仍念念不忘核电发展。我与同厂总工程师、副总工程师组建了上海加宁新技术研究所，凭着高端技术，为秦山二期、三期及方家山扩建工程、岭澳核电站、巴基斯坦的核电站提供大量泵、阀和堆内构件锻件；为清华大学高温气冷堆提供热强型结构钢SA–336F22a，经上海市核电办专家鉴定会鉴定，该技术工艺居国内领先地位。我带领加宁所研制的大亚湾核电泵轴316LN锻件，岭澳核电110万千瓦、中国核电“华龙一号”140万千瓦大电机无磁不锈钢穿心螺杆，均获得了国家发明专利。

我还带领加宁所团队，积极支持和帮助民营小微型企业“协同创新”。如我派遣总工程师、副总工程师帮助浙江大隆合金钢有限公司研制开发核电用钢、军工钢，使这个只有 161 人的钢厂从零起步，拼搏 10 年，在 2018 年企业产值达到 8 亿元，上缴税收几千万元，成为浙江省高新技术企业，人均效益在国内名列前茅。又如我派遣加宁所总工程师支援上海新闵铸锻有限公司，让他兼任新闵总工程师，每周二、四、六在新闵上班，开发核电用钢、军工用钢，产值跃过 3 亿元大关。2017 年至 2018 年间，加宁所帮助新闵公司完成了红沿河等 12 座核电站的压力容器、稳压器、蒸汽发生器大型锻件的制造。

我所取得的成绩和做出的贡献，都是从我国第一座核电站——秦山核电站开始的，是秦山核电站的建设带动和提升了我国核电设备材料的制造能力，也使我成长为核电材料专家。

（陈菊生　原航天部 3257 厂厂长）

秦山核电站是实践的光辉典范之作

⊙欧阳予

在秦山核电站从设计、建造到运行的过程中，我始终如一地贯彻“安全第一、质量第一”的方针。制定了安全设计所必须遵循的四条原则和十条措施，并严格监督实施；建立起一套严格的标准、法规和安全导则所支持的质量保证体系；还组织了《秦山核电厂最终安全分析报告》编写委员会，担任编委会主任，借鉴美国核管理委员会管理导则的标准格式和内容，分17章24册，包括约200万字、950多张图、910多张表、400多份支持性材料。国家核安全局审评后，于1990年夏天举行了秦山核电站安全问题论证会。对国内知名专家提出的问题，我应对自如，以富有说服力的回答，赢得了专家的首肯。1989 年，应我国政府邀请，国际原子能机构组织来自 8 个国家的 11 位资深核电专家到秦山核电站进行了运行前的安全评审。评审报告指出：对秦山核电厂运行前的现场检查总的印象是好的。没有任何危及建造完成和建成后电厂启动的安全问题。这是国际社会对我国第一座自行设计建造的核电站投了信任的一票。

经参建人员共同努力，秦山核电站于 1991 年 12 月并网发电（1992 年 7 月达到满功率），实现了我国核技术史上的又一个重大突破，结束了我国大陆无核电的历史。1995 年，秦山核电工程通过了国家验收。1997 年，“秦山核电站的设计与建造”项目获得国家科技进步特等奖。秦山核电工程是实践的光辉典范之作，我作为其中的一分子深感光荣和自豪。

（欧阳予　中国科学院院士，原秦山核电站总设计师）

运 行

秦山核电站历经磨难建成发电，举世瞩目

⊙姚启明

我原来是在核工业八二一厂当厂长。1990 年 12 月，我到北京开会，会议结束后，干部司司长找到我，说蒋心雄部长下午两点要找我谈话。到了部长办公室后，他见面就说：老姚，部党组已经定了，调你到秦山核电厂当厂长，协助赵宏副部长，明年把秦山核电厂的电发出来。他还特别强调说，秦山核电能不能发电，关系到核工业的大局。

我当时 52 岁，已经进入"知天命"的年龄，就这样，带着"一年发电"的"军令状"来到了秦山。我很快发现，核电厂在生产秩序和规范方面还有很多不够完善的

从加拿大引进的重水堆核电站是“交钥匙”工程，该工程采用加拿大坎杜-6重水堆核电技术，总装机容量为两台72.8万千瓦核电站，总投资为28.8亿美元，也是中加最大的贸易合作项目。

地方，极大地影响了工作效率。在进行了缜密的调研后，我们迅速开展了“双整顿”活动，即整顿生产秩序和整顿厂容厂貌。这个“双整顿”进行了几个月，处理了一批人，开除了一批人，队伍中的歪风邪气压下去了；建立了一套生产需要的制度，整顿劳动纪律，规范生产秩序，统一着装。那时候，女同志上班不允许穿高跟鞋，必须穿工作鞋，也不允许抹口红。“双整顿”之后，从企业管理角度来讲，秦山核电厂逐步转向一个生产经营型的企业。接下来就开始调试设备。1991 年 12 月 15 日 0 时 40 分，秦山核电站终于并网发电。发电的时候，部里的领导、省里的领导，以及其他各方面的人都来了。中国自己设计、自己建造的第一座核电站发电了，填补了中国核电的空白。

中国大陆第一座自己设计、建造的核电站发电之后，国际上的反应也是非常强烈。美国有份很有名的报纸，叫做《基督教科学箴言报》，他们不相信中国自己设计建造的核电站能发电，派来了两名记者，看秦山核电站是不是真的发电了。他们来秦山采访我，说：以前不相信，现在亲眼看到了，这下相信了。他们回去以后，《基督教科学箴言报》用了整整一版，把秦山核电站发电的情况刊登出来，有文字，有图片，也有我的照片。

秦山核电站顺利并网发电，标志着中国核电从起步阶段进入了发展阶段。国务院决定在1992年8月15日到秦山开现场会，这对于秦山核电公司来说，是难得的机会和荣誉。然而，让我和整个秦山一期始料不及的是，设备出现了故障。

1992年的7月下旬到8月初，发现01厂房，也就是反应堆厂房的补水情况有异常。本来大概每四小时补一次，后来发现每两小时补一次。不对啊，这水跑到哪里去了？在这样的情况下，怎么办啊？8月底国务院就要来开会。一种意见是开完会再说，另一种意见则是停下来检查。这个时候，作为厂长，我该怎么办？

当时，我们决定停下来检查，先搞清楚情况。检查之后发现，反应堆上面的起动机构的一个Ω环松了。我们把它切割下来，经过分析，发现这个环太薄了，只有4.5毫米，要修理就要把壁厚加大。可是没有管子。当时，在我们国内，一般的地方找不到这种管子。我知道四川有一家生产镍铬合金的钢厂，可以生产这种管子。我带了几个人就去了。我找到四川省副省长蒲海清，说明这个情况。蒲省长知道这是给中国自己建造的秦山核电站用的，说，没现货的话，四川省人民政府给你下命令，马上生产。后来，大概一个多月的时间，管子就做出来了。这个问题解决之后，又出现了线圈问题。我又带了设计院的人到上海起重机厂去现场检查，然后决定全部返工。经过八个多月的艰苦工作，我们解决了许多问题。核电站再次并网发电，一步一步达到了满功率，进入商业运营。

（姚启明　原秦山核电公司总经理，
原秦山第三核电有限公司总经理）

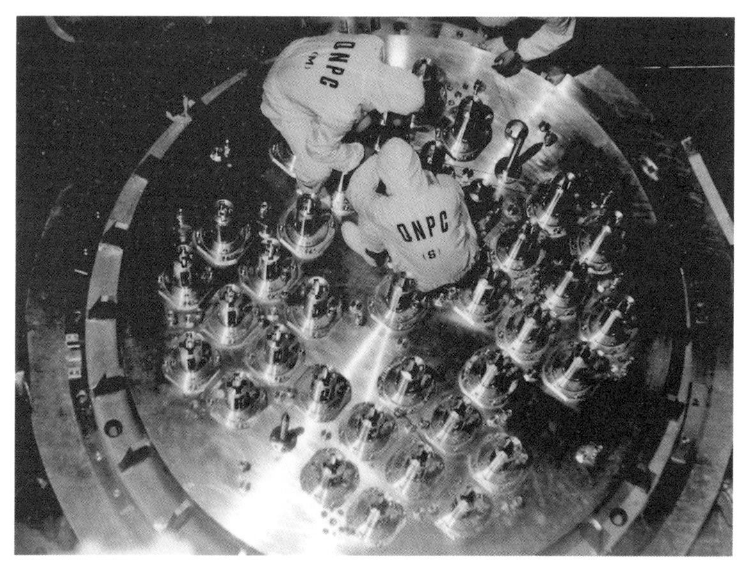

工程技术人员在对核反应堆压力容器进行测试。

秦山核电站充满自信走出国门

⊙蒋心雄

秦山核电站并网发电是1991年12月15日，我在控制室，那一刻心情激动，无限喜悦，它凝聚了自己几十年的心血啊!

秦山核电站发电以后仅半个月，我国核电出口合同也谈成了，并在人民大会堂举行了签字仪式。怕有人给我们项目设置障碍，我就请李鹏同志出席签字仪式，来“压压阵”。

秦山核电站发电运行不到一个月就停了，一停就是两三个月，后来整治打打停停，停停打打，一直到几年后才正常。秦山核电站发电以后，中国科学院院长周光召同志有一次见到我说：“蒋部长，你胆子太大了，这第一座核电站才运行了15天，就敢签字出口。”我说：“我们对自己的技术应该还是有信心的。严格来说，第一座核电站还是有点问题的，但是当时不抓住时机出口，就出口不了了。恰希玛的30万千瓦核电机组第一个出去了，以后跟着慢慢就出去了，比如阿尔及利亚工程，就是因为打开了出口的窗口。”

（蒋心雄　原核工业部部长，原中国核工业总公司总经理）

1991年12月15日，秦山核电站并网发电一次成功。

中国核电成功出口，实现互利共赢

⊙赵　宏

秦山一期发电以后，马上和巴基斯坦签署出口协议，中国核电走出去在那一刻已经开始。恰希玛 1 号、2 号机组（分别简称 C_1、C_2）到后面的项目，同样的 30 万千瓦核电站，已经形成了一个规模。当年在海盐招待所的一楼，就是我和巴基斯坦签署的协议，我后来也主管这方面的工作。在恰希玛核电站的建造过程中，我们又一次积累了各方面的经验，包括人才的锻炼，这方面的感受和体会是颇深的。当时巴基斯坦的经济非常落后，很多东西都买不到，需要我们从国内带过去。但是出国又不能带太多的人，需要考虑成本和管理等各方面因素，尤其是当时国家比较困难，也负担不起。考虑这些客观

因素，就必须压缩人员数量和成本。根据工作流程，管理、土建、安装和调试队伍先后都要过去。我们本着降低成本、提高效率的原则，选派人员的时候力求精干。另外，充分利用当地人，发挥他们的能力特长，这有利于提高我们的工作效率。巴基斯坦既没有煤炭，也没有石油，因此，上马核电站对他们是有好处的。他们的电网一开始是不欢迎核电的，但是后来发现核电既节约能源，又环保简单，而且便宜，就接受了。我们和巴基斯坦是真诚的朋友，充分考虑了对方的需求。

（赵宏　原核工业部副部长，原中国核工业总公司副总经理）

坚持核安全文化建设，培育高素质的职工队伍

⊙俞培根

1984年，我从浙江大学毕业后被分配到秦山核电厂，成为中国大陆第一代核电操纵员，我亲身经历了非常严格的培训过程。直到1989年才真正上岗，中间五年的时间，我一直在参加培训。上岗之后，也是一边工作一边继续培训，一直在工作过程中摸索。

在秦山核电站开始进入调试状态的时候，我们发现操作的难度很大，因为很多设备的稳定性并不好。比如蒸汽发生器波动很大、很难控制，自动控制又跟不上，要靠人来控制。后来我们不断总结经验，在每个值里面，都有一两位操纵员特别熟悉波动规律。一旦有波动，一人管住一个蒸汽发生器，调整稳定，然后再进入自动。

到秦山核电站并网发电10周年时，电站已进入稳定阶段。

核电站的安全稳定运行需要很多的参数来体现，但是实际上，需要的是很多方面的有效配合。首先是安全文化。人的思维模式、行为方式差别很大，所以一定要将大家的思想统一起来，统一到安全文化上来，使注重安全成为员工的自觉行动。这是第一个要做的。所以秦山核电公司始终坚持以核安全文化为核心的企业文化建设，形成一种安全超越一切的观念，使之成为员工们潜移默化的思维方式。

其次，秦山30万千瓦机组的建设过程十分艰苦，是从无到有的过程，因为当时的设备制造能力比较弱，在运行过程中，一直处于不断地解决设备的故障问题之中。这和缺乏经验有关。随着后来经验的不断积累，我们认识到，要提高核电站运行的可靠性，要关注两个因素：一个是人的因素，另一个是设备的因素。要提高设备的稳定性，就要靠维护保养，进行预防性维修，为此，我们把主动改造提上日程。2000年，秦山核电公司在第一个五年发展规划的实施战略中确定着重进行技术改造，并确立了20项重要技术改造项目。之后，对技术改造实行了中长期滚动管理，分步组织实施。2001年，我们做了很多改造，有些是被动改造。虽然被动改造也有一定作用，但是长期来看，还是不够的。为保证技术改造的顺利进行，秦山核电公司加强了对技术改造的管理工作，在技术改造管理上采取了比较完善的项目管理方式。公司成立了技术委员会并组建了系统工程部，制定了《项目管理制度》及与之配套的实施程序，对技改项目从立项到实施的各个环节进行控制。在这种情况下，电站的运行状况越来越好，人的安全意识也在不断提高。此外，我们还提出了状态报告制度。这个制度起到了非常大的作用，解决了现场很多难题。后来这个状态报告

秦山核电站的设计、建造参照国际上有关规范，严格执行国家安全标准。

制度不仅仅局限在设备上，也成为整个电站运行的一种常规管理手段。运行中只要发现安全隐患，马上就填写状态报告。这个措施也得到了国际原子能机构的支持。这些措施始于 1997 年，2001 年推动较快，之后就进入了一个稳步提高阶段。那一段时间，人们的安全意识、设备和系统都进入了一个比较好的状态。

我们通过大量的技术改造把一个原型堆变为一个商业堆，这在国内甚至全世界都是独一无二的。在这个过程中，秦山核电公司培养了一支高水平的核电站运行管理和检修队伍，保证了核电站 20 多年的良好运行，形成了一套有秦山特色的换料大修管理模式，积累了丰富的经验。在谋求国内发展的同时，秦山核电还积极拓展国际市场。秦山核电公司参与了当时我国最大的援外项目——巴基斯坦恰希玛核电站的建设与调试运行工作，承担了恰希玛核电站换料大修中的核岛检修和装换料工作及之后的技术服务。多次出色地完成了巴基斯坦恰希玛核电站的各种技术服务，赢得了巴方的赞誉，为秦山核电公司树立了良好形象。

（俞培根　中国东方电气集团公司党组书记、董事长）

献身核电事业，勇担决策风险

⊙林德舜

1998年3月之前，我一直担任秦山一期的党委书记。后来组织上任命我为秦山一期的总经理。我虽然对这个担子的压力有充分的思想准备，但没有想到的是，一场出乎意料的严重事件在等待着我，现在想起来还感到惊心动魄。

1998年反应堆第四次换料，中子通量管导管出现问题，通量管断了，螺丝掉在了反应堆里，这就非常麻烦了。怎么办？当时我刚刚被任命为总经理，就出了这样的事故。我们开会讨论怎么解决，一种意见说秦山核电站是我们自主设计、建造的，叫外国人来，那设计数据都要告诉外国人，还是我们自己搞踏实。还有一种意见

是实事求是，叫别人来修，叫外国人来修。因为人家的核电已经发展很长时间了，有这个经验。为这个事我真是担了风险，在咨询专家后，得知光做把反应堆翻过来的支架就要一年时间。一年时间建支架，再加上维修，一停堆就得两三年，这是多么严重的影响。最终我们还是坚持实事求是，请外国公司来处理。通过竞标，美国西屋公司承担了这次的维修工作。西屋公司来了一帮人，修了 100 多天，花了一亿两千多万元人民币（1450 多万美金），把它修好了。

（林德舜　原秦山核电厂党委书记、总经理）

第一炉核燃料组件装料成功。

秦山核电紧扣时代脉搏，跨越新高度

⊙魏国良

1985 年，我从西安交通大学毕业后被分配到江苏苏南核电开发公司，1986 年又被调到秦山核电厂。作为中国大陆第一批核电站反应堆操纵员，我参加了一些培训，包括去南斯拉夫和西班牙的培训。当时条件非常艰苦，压力也大，我们那一批 35 个人出去培训，回来时体重平均减了 5 公斤。

我们中国人有个特点，就是愿意向别人学习。我们把国外一些好的经验、做法、技术和管理，尽可能地深入学习和消化。同时结合我们国家在早期核工业方面留下的一些宝贵经验，独立自主，自力更生，中外结合，洋为中用，形成了秦山自己的一套管理体系，这个体系是在不断地完善和丰富的。

经过这么多年不断升华，经过规模上的扩展、管理上的提升，秦山核电站的好几个机组在世界上的排名都名列前茅，有的还曾排在第一名，这是非常了不起的成绩。

在参加秦山一期的建设过程中，我们这些学成归来的第一批操纵员也发挥了应有的作用。秦山一期的每一个系统、每一台设备、每一间厂房，我们都是一个一个熟悉，一个一个摸透，把每一个部件都当成自己的孩子去对待。

秦山一期在建设和初期调试、运行的过程中克服了诸多的困难，参加秦山一期建设和调试以及后来不断进行技术改造的全体人员都做出了积极的努力。国家的不断发展使得秦山一期从一个原型堆变成一个商业堆，而且运行的绩效非常好，这个过程中有全体人员共同的努力，可以说，时代造就了秦山一期。

那时候，核电员工跳槽的很少。当时秦山一期的条件并不好，无论是员工收入、待遇还是秦山核电站自身阶段性的发展前景都受到过质疑。在这种情况下，绝大多数人依然坚守内心的本分，才使得这个项目不断推进，同时也是在国家的不断支持下，秦山核电才有了今天的成绩。大时代给了秦山一期机会，而秦山一期也把握住了时代的脉搏，达到了别的原型堆很难达到的高度，成为“国之光荣”。

秦山一期30万千瓦机组并网发电以后，我又参加了恰希玛1号机组的调试。实际上，中国核电的“走出去”从1991年底就已经开始，那时候跟巴基斯坦签订了第一台30万千瓦核电机组的出口合同，把我们的30万千瓦机组技术改进应用到巴基斯坦恰希玛核电站。

我在巴基斯坦干了两年多，当时担任调试部的副经理。到现场以后，我发现：尽管大小都差不多，发电量、容量也一样，但是恰西玛1号机组从总体布局到各个系统的配置，都有很多改进。这也体现了中国人不断进取的精神。

整个工程，一直到后面的调试，全部是中国人在做。那个时候无论是生活条件、工作条件，还是自然条件，都跟国内相差甚远。那时候联络是靠写信，信寄出一个月以后才会收到；一年都打不上两次电话，跟家人的联系特别不方便。我们秦山一期派去的员工那时候家里小孩都很小，有的几岁，有的才刚出生，大家都是靠着奉

献精神和责任感在支撑。大家都觉得，既然交给我们这个任务，我们就要千方百计地把它做好。

巴基斯坦方面对待核电项目的态度和做法也让我们非常感动。当时巴基斯坦的工业基础、技术研发相对我们国内是非常落后的。比如说，当我们调试时发现有些电机存在问题需要处理，如果在国内，很轻松就可以直接找到厂家进行返修或者重新订货，但是在巴基斯坦，因为工程进展不允许返回国内维修，因此我们只能联系巴基斯坦有点工业基础的相关工厂，可是他们做不了。在这种情况下，我们从核工业四〇四厂去的胡师傅就随着电机到了拉赫尔，并在那边的工厂现场指挥他们进行大修和改进。像胡师傅这样一批从国内来的老师傅，实践经验特别丰富，非常厉害，遇到问题总是靠自己想办法解决。

正是靠着多方的付出和努力，工程项目得以尽快地向前推进。在合作建设和调试过程中，巴基斯坦的核电队伍也被带起来了，并逐步走向成熟，两国合作形成了共赢局面。只有自身有了一定的人才和能力的积累，巴基斯坦的核电才能不断地发展。

现在我们讲中国核电“走出去”，不应该仅仅是指核电设备装备走出去，还应该包括技术和服务“走出去”，这才是真正的“走出去”。比如调试、大修的技术服务等都是核心技术服务，只有掌握了核心技术能力，才能提供相应的服务。秦山有这样的能力，而且这些年来做得很好。

（魏国良　海南核电有限公司党委书记、董事长）

1991年，中国与巴基斯坦签订技术合作协议，恰希玛核电站是真正意义上的“交钥匙”工程，也是中巴两国核电建设者聪明才智与辛勤劳动的结晶。

一段难忘的异国核电职业生涯

⊙顾　健

1991 年 12 月 15 日，秦山 30 万千瓦核电机组首次并网发电，结束了中国大陆无核电的历史。紧接着，又有一个消息传来：中国将为巴基斯坦建造一座同样的核电站。当时包括我在内的很多同事都不认为这个消息与自己有什么关系，然而过了六年多，在 1998 年 5 月，我和十几位同事远赴巴基斯坦恰希玛，承担起这座核电站机组在调试期间的运行工作，开始了一段难忘的异国工作生涯。

恰希玛 1 号机组是真正意义上的“交钥匙”工程，即便是现在，国内的核电机组都没达到那种完全程度，而那时国内除了那台秦山 30 万千瓦机组可供参考，也就只有大亚湾两台引进的百万千瓦级机组了，要说核电经验，也是十分有限的，所以这一壮举除了表达对巴基斯坦全力支持的意义外，真的也承担了很大的风险。那时我的孩子才九岁，而一起去的同事有的正在热恋之中，有的还过着单身生活，到这么艰苦的地方，一去就是两年，没有点勇气和对事业的热爱，是很难坚持的。这是我第一次改变工作地点，也如同后面几次一样，我没有向组织提出任何要求，无条件服从组织安排。有人说我傻，我付之淡淡一笑：这活总得有人干呀。直到在入党的支部会上，有位领导说了句话：就凭这样的态度，你们不入党谁入。听到这句暖心话，我当时眼眶湿了，组织的信任比什么都重要，再苦再累都值了。

到了恰希玛，才知道情况比想象的还困难。先说说工作上的难。因为种种原因，我们来巴基斯坦的人都是简配再简配，人数只有国内标配的三分之一左右，倒班是四班三倒（现在国内基本都是六班三倒），每周都是六天工作制。到了第二年，因为秦山三期需要选配一些高级操纵员和值长，就又从这批人中调走了几个，剩下的人工作更难了，可能说出来谁也不会相信，每个值主控室只有两个人。大家知道，调试期间，操作的活儿比正常运行后还要多一些，现在回头想想都感叹当时就凭着一股子对工作的热忱应对了这种挑战。到了后期，

由于调试工作不顺利，工期又有延长，有些同事的情绪受到很大影响，几个堂堂男子汉抱头痛哭的情景至今仍历历在目。事后有位同事写了篇文章，说我们这批人如何从在国外受训的学生成为走出国门的专家，以此说明

一代核电新人在成长。

中国核电的发展史。我们都笑骂他：什么专家，还不如巴方来中国的学员的待遇呢。

再说说生活上的苦。恰希玛常年高温，没有亲身经历过的人可能很难想象人在45℃高温下生活是种什么感受，我经常给别人的描述是好像瞳孔都在燃烧，而这样的日子一年约有八九个月。在伊斯兰国家，吃的自然与国内很不一样，很多同事回国后与鸡肉“绝缘”，应该是落下的后遗症吧。方便面大家都知道，但很多人可能不会相信，我们吃的很多都是过期品，甚至有过期一年的，可大家都舍不得扔，好在一直在空调房保存，所以吃了倒也无事。现在如果没有网络，很多人都不知道该如何生活，但那个时候与国内的通信，100多个人就靠一部公用国际长途电话。管电话的同志十分负责，别人在跟远方的亲人说悄悄话，他在边上尽职尽责地计时，也不怕被肉麻到。在恰希玛工程现场因为有很多当地工人，所以悄然流行着一种非中非英非乌尔都语的口语，结果我们说习惯了，回国后一段时间内，很多人都不能用标准汉语与人交流了。

对我来说，和同事们一起度过的26个月，不仅难忘而且收获也很大，对待困难的态度有了很大的改变，是我人生中一次很好的历练和积累。另外，还有几件特别有意义的事想要和大家分享：我要说我是在国外入的党，很多知道内情的人会很诧异，因为当年为了照顾好所在国的外交关系，党组织活动在国外是受控的，更别说发展党员了，所以我有幸成为少之又少的几名享受特别待遇的党员，这让我终身感到自豪。还有一件事，因为职称晋升需要参加外语考试，而当时调试任务紧无法回国，最后竟安排一场国外专场，结果也皆大欢喜。在一个以英语为官方语言的国家工作两年时间，表现自然不能太差劲，最后我以一个满分回报了组织的厚爱。

时间已过去20多年，恰希玛后续又建设了恰希玛核电2、3、4号机组，在另一厂址上正在建设“华龙一号”的海外版卡拉奇核电2、3号机组，中巴的友谊仍在继续。中巴两国人民永远不会忘记当年恰希玛1号核电的开拓者、建设者们。恰希玛核电站的建设，是中巴两国核电建设者聪明才智和辛勤劳动的结晶，是两国人民之间精诚合作和深厚友谊结出的丰硕成果，是发展中国家之间“南南合作”的成功典范。

（顾健　中国核能电力股份有限公司副总经理）

人才培训让秦山成为核电行业能量补给站

⊙朱晓斌

1984年，我从哈尔滨船舶工程学院毕业后被分配到秦山核电厂工作。我在这里工作了30多年，从一开始参与30万千瓦机组调试运行到长期从事人员培训工作，见证了秦山核电基地的整个发展历程。印象很深刻的是20世纪80年代请外国专家来讲课，从30万千瓦机组那边的沿海公路进到厂区里面时，专家就说秦山这个地方好像可以这里摆5个堆，那里摆4个堆，这在当时被认为是不可能的设想，现在还真的实现了。

秦山核电站的发展艰难曲折，作为中国大陆最早的核电基地，它为我国的核电事业做出了开创性的贡献。我是当时最早参与探索编写核电机组运行规程的操纵员之一，一步步走过来真是不容易。30万千瓦机组发电后，核电的操纵员考试国家标准是我们编写的，操纵员培训用的模拟技术国家标准也是我们编写的。现在我还在做国家标准制定方面的工作，就是制定核电行业的职业技能的标准，以及编写相关的大纲和教材，通过几年的努力，这些都已经正式发布或出版了。目前，最后阶段的题库有两个职业的已经完成，其余的正在开发中。

我长期工作的培训部门为秦山各电厂培养操纵员、高级操纵员约630名，目前仍有362人在运行一线工作。

我觉得秦山核电基地为中国核电事业做的巨大贡献之一是为国内其他核电厂培养操纵员、高级操纵员200多人，包括中核集团外部的海阳核电站、石岛湾核电站等。最高峰的时候，同时有130多名操纵员在秦山核电站接受培训，极大地支持了中国核电的大发展。

秦山核电站还是国内首先具有为国外核电站提供总承包方式培训能力的核电基地。早在1995年，就为巴基斯坦恰希玛核电站培养了第一批操纵员，同时为恰希玛培训了各类生产和管理人员150多人，包括他们的高层管理人员。这批人是恰希玛核电站的中坚力量。

秦山核电站作为我国第一个核电基地，在核电事业上的另一突出成绩就是输出人才。秦山核电站走出了两位中科院和工程院院士，输送了30多名核电高管，培养的好多操纵员分布在各个单位。据统计，秦山共计输出2000多名技术骨干。这个数字说明了我们对其他核电企业的贡献，为兄弟核电厂培养了大量各类专业人才。

秦山核电站还拥有顶尖的核电技能人才。这里出了两位中核集团公司的首席技师，其中仪控专业的王浩钧获得了集团公司的“首席技师”称号，何少华还是中华职业技能大奖的获得者，该奖是技能领域国家的最高奖。设在秦山的核特有职业技能鉴定站培养出一大批核行业的技师和高级技师，成为解决核电行业高精尖课题的主力军。秦山依托高端技能人才，具有了特殊维修服务的能力，同时也形成了能够培养出高技能人才的基地。

通过30多年来的不断投入和发展，秦山核电站形成了完整的核电人员培训体系，这个培训体系不逊于国际一流核电同行的体系。培训始终是秦山核电基地的主要投入领域。记得刚开始开发我们的第一台全范围模拟机时，秦山35名第一代操纵员中的六人直接参与这项工作。组建运行公司以来，秦山实现了不同堆型执照人员培训流程的统一、考核标准的统一。全部员工均根据

培训大纲接受培训后，获得上岗资格。目前，运行公司有80多人在培训部门工作，阵容前所未有的强大。

最早进行培训时，秦山只有一套缩小的主控台盘模型，开关和控制器等是用照片替代贴在模型上的，只能用于让操纵员熟悉台盘布置。电厂调试初期，我们拥有了一台原理型模拟机，供操纵员熟悉反应性控制和主系统化容系统的简单培训。由于受历史条件的限制，30万千瓦机组首批操纵员的培训过程经历了多种机型，理论课程在秦山现场由设计院技术人员培训，电厂现场培训在斯洛文尼亚的西屋60万千瓦机组上进行，模拟机培训在西班牙的西屋90万千瓦机组模拟机上进行。而首批操纵员取照模拟机考试在清华大学的旧60万千瓦机组模拟机上进行。模拟机上的培训要求必须熟记各系统、参数、定值和技术规格书的运行限制，操纵员的学习负荷可想而知。现在秦山核电基地拥有5台不同类型的核电全范围模拟机、4台多功能模拟机供执照人员培训，可以为秦山各机组提供完全一致的模拟机培训。更可贵的是已经形成了完整规范的操纵员培训考核体系，秦山的多种堆型机型操纵员从选拔到值长培训完全执行一个流程，实现了各机组间培训经验的高度融合。

核电站的主控室操纵员被称为“黄金人”，因为培养一名主控室操纵员所花的费用与培养一名飞行员差不多。秦山培养了我国第一代“黄金人”，目前大多数已是中国核电的技术领军人物。

现在的秦山培训中心建筑面积有35000平方米，其中技能培训中心是12000平方米，有40余个技能培训室，能够系统化地提供维修和技术人员的各种技能培训。我们拥有一套完善的防人因失误实验室，在公司的防人因失误培训中发挥了巨大的作用；另一套专供维修人员的防人因失误实验室已于2016年投入使用。针对多种机型，技能培训中心建设了30万千瓦机组全尺寸装换料培训设施、60万千瓦机组换料仿真机和坎杜重水堆机组换料仿真机及换料通道；为多机组开发了3套500千伏开关站仿真培训设施，还有3套不同的热工系统培训装置。随着方家山项目的建成投产，技能培训中心开发了DCS实验和培训系统。为员工提供通用类技能培训的各类阀门、泵、风机等培训室也在运行公司组建后实现共享，得到充分的利用。中国核能电力股份有限公司（简称“中国核电”）也规划在秦山建设主技能培训中心，为秦山各机组和“华龙一号”机组提供技能培训，同时承担为中国核电各电厂新员工提供通用技能培训。建设完备、功能齐全的技能培训中心将为中国核电的人员培训做出重要贡献。

（朱晓斌　中核核电运行管理有限公司副总工程师）

爱岗敬业，为核电机组安全稳定运行做出贡献

⊙田庆红

1987 年，32 岁的我从核工业四〇四厂调入秦山核电公司，先后在化学动力部、运行部工作，历任二回路海水泵房值班员、主值班员。海水泵房值班员是核电站的重要岗位，不仅工作“苦、脏、累”，而且经常要应对设备运行过程中出现的突发问题。

设备运转的时候，要判断它是正常还是异常。走到设备跟前，从不同的角度会听到不同的声音，在不同的距离也能听到不同的声音，这就要靠工作经验的积累。另外，每天要记录，今天走到这儿，发现了什么问题记下来；第二天或以后再发现同样的问题，我们就可以快速地排除。要保证设备万无一失，不能出一点差错，如

果设备运行状况不好，还需要进行抢修。设备的好坏关键靠运行人员的巡检，运行人员要把巡检过程中的所有参数都记下来。一般是每两小时记一次，或每四小时记一次。设备在运转时，一些重要的数据会反映在主控室的盘表上，如果设备信号异常或温度异常，就会马上显示出来。

在我的工作生涯中，最开心的日子是 1991 年 12 月 15 日。我当时在一线倒班，并网发电那天正好轮到我们这个班上夜班。主控室值长下达命令，要求各岗位值班人员坚守自己的岗位，系统马上就要并网发电了。后来主控值长下令，主控操纵员按下启动按钮，秦山核电站第一次并网成功，时间是 1991 年 12 月 15 日 0 时 15 分。在并网发电的一刻，大家心情特别激动，当时所有人都高兴得跳了起来。

主控值长宣布并网发电成功后，我们把所有的设备又复查一遍，精心检查，然后大家都坐在值班室里，监视着设备运行参数是否正常，当时我们是一小时监察一次。等到天快亮了，值长要求我们再次监盘，保证设备万无一失。下班前，接到值长命令，要求下班后大家先不要回家，去坐倒班车，倒班车会在海盐县城转一圈。当时我们的倒班车前面挂着一个特别大的红花，后边有两辆车随同，车队顺着朝阳路、海滨路转了一圈。我们的心情无比激动。

1996 年 5 月 10 日，我早上刚刚接班，就听见外边好像有声音，下去一看下面水都满了。我想这下可坏了。一开始我们以为是管道爆裂，马上给主控室打电话。当时水已经很深，大概有十多米深。后来我想可能是下面的一只泵的口子敞开了，于是请示主控室，用非常规排水方式，启用大循泵排水，可缩短排水时间。这样排水 10 分钟左右，水位下降至人员可排除故障部位的地方。

水排完以后，发现设备上有厚厚的一层泥沙，将近 10 公分，我们赶快拿水冲洗，冲洗完又把设备全部打开，清洗干净，该烘的烘，该调整的调整。按照常规，这个活儿可能要三到五天干完，而我们当时只用了不到一天的时间就把问题全部解决了。大家都在现场保持高度的紧张状态，从早上 10 点钟开始，不停歇地干到晚上 11 点以后才把水都弄完，当时好像一点都没觉得肚子饿。

20 多年来，我始终兢兢业业，细心钻研，逐渐成为驾驭海水泵房重要设备的行家里手。我不但对整个系统和设备的布局、功能和特性、容易出现问题的部位了如指掌，而且对各项操作、异常分析和处理也得心应手。大家都称我为“活资料”“活系统”。其实也没什么诀窍，记录的本身就是防止遗忘，所以我像有强迫症一样每天都把自己的工作记下来。而且在前一天晚上下班之前，要把所有工作都捋一遍，列出一二三来，为第二天工作做好准备，这样，我每天的工作基本上都很饱满。通过刻苦钻研，我编写出了海水泵房所有运行规程和运行图册，提出了多项系统改造和合理化建议，其中“循环水泵启动前进行反冲洗”的合理化建议，获得了公司合理化建议一等奖。这个合理化建议还被多个兄弟单位学习借鉴，同时还填补了国产大型循环水泵在多泥沙工况下启动的技术空白。

在平凡的岗位上，我以执着的敬业精神，为核电机组安全稳定运行贡献了自己的力量，也获得了一项项殊荣。1998 年和 2000 年，我先后获得了“核工业劳动模范”称号和“全国劳动模范”称号。

当年的全国劳模表彰会是 2000 年 4 月 27 日下午 3 点召开的，国家主席江泽民宣布表彰会开始，开完会还有合影。那张照片特别大，我的心情也特别激动：

我是在北京出生的，步入人民大会堂一直是我的一个梦想。那天，我靠着自己的努力，将毕生的梦想实现了。

（田庆红　原秦山核电公司运行部常规岛组主值班员）

1981 年，武汉核动力运行研究所技术人员利用先进的在役检测技术设备检测核反应堆压力容器。

秦山核电成就了一批“蓝领专家”

⊙姚建远

我是1986年5月从核工业四〇四厂调到秦山核电公司从事检修工作的。在秦山核电站安装调试期间，我先后参加了专设安全系统核级泵的监造、核电主系统冷却剂泵、海水循环泵等关键设备的安装调试工作。面对众多的进口设备，我常常捧着厚厚的设备说明书苦读。1991年12月15日，秦山核电站第一次并网发电，我的检修工作也迎来了更多的挑战。

核电站最核心的设备，包括反应堆主冷却剂泵、蒸发器、稳压器等，当时都是由我所在的检修部机械四班负责检修的。1995年，我被公司任命为班长，在担任班长期间，我们班组承担了从第二次到第十二次换料的工作。每次大修，工作任务都比较重。最关键的一次，是蒸发器堵板坏了，无法正常卸料，牵扯到大修进程。为了修复堵板，大家轮流进去，当时里面放射性比较大，温度比较高，不能让一个人独自承担。我特别感动，这就是整个班组团队的凝聚力的体现。

检修是不分昼夜的，经常半夜里睡得正香，突然厂里来了电话，说哪里出现了问题，让马上赶到现场。这样的情况有很多次。我记得有一年过春节的时候，大年三十晚上七点钟，我家刚要开饭，厂里主控室就通知说，主循环泵有一个小管道有点滴油，要去处理一下。我们都知道，主泵是反应堆的心脏。所以我二话不说，第一时间就进厂抢修。

还有每次停堆检修结束之后，主循环泵启动的时候，一般我们都在现场待命，一晚上不合眼。启动正常了，参数也正确了，我们才可以回去。随时待命，这已经成了我的工作常态，对此，我早已习以为常，家里人也习惯了。

真正的挑战，是那些措手不及的突发事件。有一次，我们在巡泵时发现一回路的海水泵的滤网坏了。海水泵前面海水的进口坑道本应该有一个旋转滤网，把海里面的漂浮物过滤掉，但是那时整个滤网都落下去了，水里面漂的水葫芦全趴在滤网上，把滤网给顶坏了。滤网坏了之后，杂质就直接进入循环水系统，对系统造成堵塞或者对泵的运行造成损害。我们后来是找潜水员下去把闸门堵塞住，又找了很多潜水泵，把整个坑道里面的水抽干净，然后下去把滤网拆卸出来，再换上新的。坑道20多米深，因为没有能直接下去的通道，只能用吊篮放下去查看，虽然有安全绳保护，但还是很危险。

凭借过硬的技术、严谨的态度、团结的精神，我们攻破了一个又一个的技术难关。我也因此获得了一些荣誉。2005年10月，我荣获“全国劳动模范”称号，我所在的机械队四班被中国国防邮电工会和中国核工业集团公司授予“姚建远班组”称号。对我来讲，荣誉和压力是并存的，有了这个荣誉之后，我应该把班组建设得更好，工作做得更好。

2000年，中国启动对巴基斯坦恰希玛核电站的援建工作，我作为检修的技术骨干，六次前往巴基斯坦参与检修工作。

2009年10月，我作为中核集团的唯一代表参加了中华人民共和国成立60周年国庆庆典。

（姚建远　中核核电运行管理有限公司维修一处技术工人）

海盐公众对核电的态度是如何改变的

⊙朱月龙

我是1984年从清华大学毕业后被分配到秦山核电工作的。这些年，我比较大的感受是老百姓对核电看法的改变。别说老百姓，早期我们核电厂的很多员工，对"核"，尤其核电站发电以后的安全环保性也是存在疑虑的。提到"核"，老百姓的第一个想法就是核电安全吗？在当时的环境下，这样的想法也是可以理解的。30多年来，随着秦山核电站的发展和安全运行，现在公众基本不会再提这样的问题，可以说秦山核电站的安全稳定运行增加了公众对核电的接受度。

秦山核电30年的安全运行，为秦山以及国内其他核电站持续稳定的建设运行打下了良好的基础。从数据角度来讲，尽管秦山核电的机组不断增加，包括新建的方家山核电项目也运行了一段时间了，但是秦山的放射性排放量与国家要求的排放量相比，控制要素中最大的一项也只占国家要求的18%。历年来，秦山核电运行对公众的个人剂量影响，约为国家限值的1%。这些数据从另一个方面说明了秦山核电是安全环保运行的。

另外，自秦山核电运行以来，政府环保部门一直对秦山核电实施监督性环境监测，他们的态度有一个从不信任到信任的转变。一开始他们对我们秦山自己测量的一些排放数据包括监测结果并不十分信任，总是觉得有问题。但是通过长期的监督监测，政府环保部门完全认可了秦山的监测结果。秦山核电的环境实验室是国内建成的第一个针对核电厂周围环境进行监测的实验室。通过30年的运行，我们建立了完善的环境监测系统和监测方法，在国内核电同行中确立了领先的地位。近10年来，绝大部分的新建核电厂的员工都来秦山核电环境实验室实习或培训。有效的环境监测结果，增强了政府和公众对秦山核电的安全环保性的认可。

我负责的另外一项工作是核事故应急。核事故应急是核电安全的最后一道屏障，这道屏障如果能够得到充分发挥的话，公众对核电的信心将会得到很大程度的提升。

秦山核电是国内针对核电站事故最早建立核应急准备体系的核电厂，包括应急响应的软硬件系统。早在1991年6月，秦山就举行了中央政府部门组织的第一次针对核事故的运行演习。鉴于秦山的特殊情况——当有的核电机组在运行的时候，另一些核电机组正在建设，而且机组堆型不同、功率不同，秦山创立了针对多机组多堆型的核事故应急体系。这么多年来，该体系一直得到国家相关部门的认可。特别是日本福岛核事故以后，秦山建立的针对多机组事故的应急准备体系和应急控制中心，被国家核安全局作为标杆在业界推广。秦山应急控制中心被认为是目前国内针对核事故应急起点最高、系统最完善的应急控制中心。中心建成以后，从中央各有关部委到地方相关部门的兄弟电厂都有人来参观和学习。可以说，完善的应急准备体系和应急响应设施，也增加了政府部门和公众对核电的可接受性。

（朱月龙　中核核电运行管理有限公司环境应急处处长）

第二章

自主设计建造60万千瓦级商用压水堆核电站

秦山二期核电站是在秦山一期核电站的基础上，贯彻“以我为主，中外合作”的方针，自主设计和建造的商用压水堆核电站，装机容量为两台65万千瓦的商用压水堆核电机组。1996年6月2日，秦山二期1号机组主体工程开工；2002年2月6日，1号机组并网发电；4月15日，1号机组投入商业运行。1997年3月23日，2号机组开工；2004年3月11日，2号机组并网发电；5月3日，2号机组投入商业运行。秦山二期核电站的建成，实现了中国自主设计、自主建造、自主管理、自主运营大型商用核电站和核电国产化的重大跨越，走出了一条我国核电自主发展的路子。

立项与设计

“以我为主，中外合作”，建设秦山二期核电站

⊙郑庆云

1985 年年末，核工业部在北京京丰宾馆召开工作会议时，接到国家计委主任宋平的指示，要核工业部研究在秦山一期基础上建设 60 万千瓦核电站的可行性。经反复研究确认后，责成我和计划司张志峰同志起草给国家计委的回复报告。后被流言误传为，核工业部两片纸，把苏南核电站拉下马。其实这是国家从全局考虑做出的选择。不久，中央财政领导小组办公会确定：“‘七五’期间，核工业部在秦山扩建两台核电机组，每台容量为 60 万千瓦，可列入计划。”1986 年年初，经国务院常务会议研究，我国核电发展方针有一个大的转变，那就

是由过去百万千瓦起步，改为从60万千瓦起步；技术上从“以国外为主，合作设计”，改为“以我为主，中外合作”；原想从苏南起步，改为从秦山起步；管理体制上，由原来以水电部为主，改为以核工业部为主。所以，秦山二期首次实践了“以我为主，中外合作”的核电发展方针。这一方针是非常正确的，指导我国自主发展民族核电，对外既不依赖又不排斥，意义十分重大而深远。

秦山二期立项后，因资金困难迟迟不能开工。当时中国核工业总公司提出与地方合作，吸纳地方资金，组织股份制核电公司。但中核总的资本金还没有着落。于是，再次组织财务司、政策研究室和核电秦山联营公司谋划办法。最后提出，利用秦山一期煤代油资金，滚动发展秦山二期的想法，并责成政策研究室起草报告，向国务院领导和国务院有关部门汇报。时任国务院副总理的邹家华同志在听取中核总汇报时说，7.4亿元的煤代油的钱，计委可以研究这个问题。没有什么可争的，都是国家的钱。首先要肯定，这笔钱谁也不准拿走，就用它来搞核电。又经过整整两年的反复努力争取，最后，国家计委以煤代油专用资金办公室的名义下发了《关于将浙江秦山核电站一期工程的煤代油基建贷款本息转为浙江秦山核电站二期工程中央项目资本金的通知》，确保了二期工程资金到位，推进各项工作顺利进行。

（郑庆云　原核工业部政策研究室主任）

秦山核电二期建设了 4 台 65 万千瓦机组，从而实现了我国核电从原型堆到大型商用堆的重大跨越。图为秦山核电二期厂址原貌。

秦山二期开始实行业主负责制、招投标制和工程监理制

⊙彭士禄

1986 年 4 月，我从广东大亚湾核电站建设指挥部总指挥的任上被调到核工业部任总工程师、科技委第二主任（副部长级），开始负责秦山二期核电站的筹建工作。

1986 年 7 月，国务院核电办明确了“以我为主，中外合作”的方式建设秦山二期核电站项目。

经选址定点之后，项目开始上马。我坚持首先要建立董事会制度，参考大亚湾的运作模式运行。为了募集资金，我带领着一班人，一个星期内马不停蹄地跑了安徽省、浙江省、江苏省和上海市，请这三省一市一起来投资。

1986 年 12 月 8 日，我向核工业部部长蒋心雄等领导提交了《关于秦山二期工程筹资问题》的报告。在报告中，我详细列出了秦山二期的经济预算、电价、筹资问题和厂址选择。

后来，中国核工业总公司、华北电力公司，与浙江电力开发公司、申能（集团）有限公司、江苏投资管理有限责任公司、安徽能源集团有限公司及上海市共同出资，成立了核电秦山联营有限公司，为这一项目后来的发展打下了良好的基础。

我对秦山二期工程提出了“三制”，即业主负责制、招投标制、工程监理制。此外，我还计算了核电站主参数、编制计划与投资，得到了中央的认可和支持。

业主负责制——秦山二期核电站从建设到最后发电，全部责任均由业主负责，业主会感到自己担子重、责任大，一些条例、规定等都与自己的责任联系在一起。我将业主分了三个层次：第一个是决策层，重大的决策由董事会定；第二个是管理层，董事会定下的东西由总经理部负责贯彻执行；第三个是执行层，就是具体来实施的层面。有了这三个层次，业主才能够保证不出事，这是组织上的保障。

招投标制——招投标一定要是业主负责。这个项目

由业主负责，就要由业主负责招投标。秦山二期的思路是，设备招投标也由业主负责，核电站投资控制，占比例最多的是设备、材料，占整个建设投资的50%。

工程监理制——找一个国家认可的、有国家监理资质的权威监理部门，来监理我们的核电工程建设项目，才是公正、公平、公开的。监理部门对业主建设的核电工程项目出现的质量问题等，都有责任进行监理，而不是业主自己监理自己。

实行这“三制”的结果，秦山二期概算资金没有超标，工程建设进度提前，特别是秦山二期3号机组，提前了五个月发电。这样的速度和质量国内目前没有，在世界上也少有。

当时实行招投标制，我也因此得罪了一些人。但我是个急性子，看准的事就拍板决定。

核电站是知识密集、技术密集和资金密集的企业，是大型工程项目，它的建设必须在国家统一规划和集中领导下，加强各部门之间的合作，发挥中央和地方的积极性才能办好。当时摆在我们面前的主要任务是集中各方面的人才，积极支持秦山核电站和大亚湾核电站的建设。我们应该把这两座核电站建设成为成本低、速度快、质量好、经济效益高的核电站。否则，核电就会没有竞争性，没有生命力，核电站的发展就会受到阻碍。核电站要达到较高的经济效益，在建设期间就必须严格执行三大要素的控制：成本控制、时间控制和质量控制。我要求秦山二期必须严格控制工程质量与工程总进度。如工期推迟一年，直接损失就达 4.3 亿元，即每天损失近 120 万元。

设计自主化、设备自主化、建造自主化是秦山二期核电站设计与建设者们的最大课题。在建设之初，面对重重困难，秦山二期一一克服，在项目的投资控制、进度控制、质量控制、安全管理等方面摸索和形成了一整套符合中国国情的管理程序，培育形成了企业安全文化，造就了一批核电建设的骨干人才。

秦山核电二期工程的 1、2 号机组先后于 1996 年 6 月 2 日、1997 年 3 月 23 日开工建设，两台机组采用压水堆型，经过近八年建设，分别于 2002 年 4 月 15 日、2004 年 5 月 3 日投入商业运行，实现了我国由自主建设小型原型堆核电站到自主建设大型商用核电站的重大跨越。

（彭士禄　中国工程院院士，原秦山二期核电站首任董事长）

自主创新是秦山核电的精神财富

⊙叶奇蓁

我是1986年开始参与秦山二期的建设工作的。秦山二期的建设前前后后用了十几年。方案论证之初，大家讨论是跟德国合作还是跟法国合作等，后来索性根据1989年以后的形势，决定自主设计、自主建造，核心是贯彻“以我为主，中外合作”这个方针，可利用的国外合作资源我们还是利用，但“以我为主”来开展秦山二期的建设。秦山二期建设条件跟秦山一期是不一样的。当时改革开放了，这就要求秦山二期要跟国际接轨，采用国际标准。二期要建商用堆，不可能像一期的原型堆那样，作为试验一步步来，二期要讲究经济效益，要还本付息，要控制进度、投资、质量，从而实现商业运营目标。当时这在国际上是第一次，因为一般来说，对于一个新堆型通常先建原型堆，再建示范堆，成熟了才建商用堆。

1986年，我们开始跟国外谈判合作，遵循“以我为主，中外合作”的方针，通过引进技术，实施核电站的设计和建造。1989年以后，西方国家制裁我们，合作就很困难了，所以当时提出自主设计和建造。我们的核工业经验很多，搞过核反应堆，搞过核潜艇，但搞大型商业化核电站还是没经验。

先说自主设计方面。当时我们手头没有真正实际用得上的资料，只能参考大亚湾核电站的施工图纸，甚至把他们废弃的资料都拿来研究。对他们来讲，废弃资料是没用的，因为不符合工程实际。但对我们来讲还有用，可以从中琢磨他们的一些思路和设计的想法。在这个基础上，我们从看着图纸开始起家，用自己的理论知识、工程基础以及相关经验，提高核电站设计水平，使队伍慢慢成长起来。但是他们的图纸不适合秦山二期，因为我们是60万千瓦机组，是两个回路，而大亚湾核电站是百万千瓦级，是三个回路，两者完全不一样，所以在这种情况下，我们要以我为主，消化吸收再创新。

秦山二期跟国际标准接轨，采用国际最新标准进行设计，这还是第一次。这么大规模地坚持自主，基础就是我刚刚提到的大家不辞辛苦地研究大亚湾核电站的图纸，用已有的经验、知识和软件进行分析计算，验证自己的设计，重要的地方还进行试验验证。最初法国人很积极，因为大亚湾引进的百万千瓦级机组是他们在 CPY 机型上优化设计的，他们希望了解能否扩展到 60 万千瓦机组。当时我们出了 4 个题目，他们免费派了 10 位专家，法马通派了 5 位专家，法国电力公司派了 5 位专家，一起来讨论我们提出的主参数、总体布置、

秦山核电二期总设计师叶奇蓁深入设备制造厂家，了解设备制造情况。

堆芯设计和回路布置。法国人没搞过二回路，他们有的意见跟我们一致，有的意见则跟我们不一致。比如我们提出二回路两个对称布置，夹角是60°，全世界二回路都是这么布置的，但法国人提出90°夹角，四个角上都有管路的布置，说这样方便抗震。可是这个设计会带来很多问题，他们也没相关经验。后来我们仔细考虑后坚持了自己的意见，采用在压力容器上增加两个假管嘴的六支撑结构，既与国际上二回路设计一致，又增强了抗震能力。我们跟外国人合作，既听取他们的想法从各方面丰富自己，又利用其他方面的经验和知识独立分析判断，做出决断。

1996年，秦山二期自主建设正式开始，设备也订货了。当时我们的资金不够，还差几十亿。怎么办呢？用出口信贷补上。为了取得优惠的贷款条件和价廉物美的产品，我们采用了多国采购策略。即使这导致技术上困难些、接口复杂些，我们也要自主地解决这些问题。

当时秦山二期跟美国人订了蒸发器，蒸发器有二十几米高、三米多粗，如果发生地震，全靠支在上面和下面的支柱稳住蒸发器，支柱要提供多少力，要靠我们自己算，但蒸发器是美国人设计的，他们应该提供给我们力学模型。订了合同以后，美国方面倒是按时给了力学模型，可过了一年，我们的土建差不多建到20米平台的地方，美国人突然说模型错了。我们明确指出，责任在他们，但为了解决问题，不影响工程进度，咱们共同想办法解决。于是研究用更精确的时程法进行计算，这个方法要考虑系统的非线性，计算工作量很大，一涉及费用，美方就跟我们扯皮。刚开始他们希望我们再出点钱，后来又告状，说我们核动力院是想要他们的技术，就这样拖了大半年。因为工程不能等，于是我们下决心自己算。当时我们是两手准备，一方面盯着他们负责计算；另一方面，我们自己解决问题，一边增加钢筋配筋，一边用时程法进行计算，结果计算出来的数据满足安全要求。就这样，施工并未停止，安全性又充分得到论证。

过了一年多，美国人的计算结果才拿出来，数据跟我们计算得出的结果差不多。虽然在这一事件中他们有责任解决这个问题，可是他们并不把工程进度放在首位，而是扯钱。我们没有依赖他们，靠自己解决了。这件事说明自主很重要。在中外合作中，当外国人犯了错误时，我们应该既不让他们逃脱责任，也要自主地去解决问题。土建上我们自主地加强配筋，计算上我们自主地进行计算，做到心里有数，这样，我们的工程才没有停滞。

秦山二期的建设所遇到的困难是当时中国核电建设所遇到困难的总和，我们设计上的问题在前期就解决了，但后来又面临设备制造的问题。

秦山核电站的整个建设反映了我国核电走自主化道路的历程。秦山一期解决了有无问题，打下了中国搞核电的初步基础。秦山二期建了跟国际接轨的商运化核电站，设计、建造、管理和设备制造等都为以后打下良好基础。这就是后面百万级、千万级核电机组上得这么快的原因，因为就只是多加个回路嘛，主设备——蒸发器是一样的，主泵是一样的，主管道也是一样的，压力容器大一点也大不了多少，控制棒驱动机构都是一样的，关键设备基本上也一样，可以把60万千瓦核电站设备制造这一套技术都搬过来。另外，系统也基本上一样，主系统多一个回路，辅助系统里面也是差不多的，改变一下接口而已。土建结构也是一样，只是大了些，安全余量多一些，对建设成本并无很大影响。所以，秦山核电基地不只是中国核电的发源地，还为二代改进型的60万千瓦、100万千瓦商运化核电站的发展奠定了基础。

（叶奇蓁　中国工程院院士，原秦山核电二期工程总设计师）

秦山二期设计团队的素质在风雨中逐渐提高

⊙李晓明

天有不测风云，人有旦夕祸福。1999 年 10 月，正当秦山核电二期工程如火如荼紧张建设的时候，核二院副院长兼秦山二期工程总设计师倪武英忽然病倒了。

军中不可一日无帅。核二院党政领导在积极安排倪武英副院长就医的同时，立即开会研究，决定任命长期参与秦山二期设计工作的我为核二院副总工程师兼任秦山二期工程总设计师，接替倪武英副院长的工作。

我上任之后，第一次参加工程建设协调会，就面临着中国核工业总公司总经理、副总经理和专家们，还有中核建设集团公司总经理和业主单位、施工单位、监理单位等 100 多位领导、专家和代表们的提问、质疑。

上级领导说："秦山核电二期工程，是中国核工业集团的半壁江山！能不能按期发电事关重大。"一位领导直言不讳："工程拖期，责任就在核二院。是他们的设计图纸供应不上造成的。"施工单位的代表也说："施工延误、拖期，是因为我们没有及时拿到设计图纸。"

正当我和同事们为秦山核电二期工程设计工作忙碌的时候，2000 年春节悄悄地来到了。古老的京城披上了节日的盛装，新颖的服饰和传统的年货也挤满了商家的货廊。而坐落在京郊的核二院里却是一片繁忙：这里的员工们似乎忘记了日历，夜以继日地伏案计算、画图，把一箱又一箱的施工图纸从空中、从陆路，送往东海之滨的秦山核电二期工程现场。办公室文员把大摞大摞的亟待处理的文件和来自大洋彼岸的设备采购进展、谈判信息稿件放在我的办公桌上。看着大家这样忘我地工作，我内心充满了感激。我请各位设总和中层领导干部按照院里的统一部署，妥善安排近期工作，让同志们休息几天，好好过个春节。同时，又特别关照对老同志、身体病弱的同志和家中有困难的同志进行节日慰问，力所能及地给予经济补贴。当看到终日劳碌的同事们也融入了节日的氛围时，我心中才感到一点宽慰。

世纪之交的2000年对我来说，是个多事之秋。在不到一年的时间里，我失去了两位亲人。也是在这不到一年的时间里，我和同事们团结拼搏，在工作上取得了重大进展，施工设计图纸基本满足了工程进度的需要。亦悲亦喜，记载着我人生的风雨征程。

2000年夏天以后，施工现场供图紧张的局面逐步缓解。但在工程调试中，暴露出设计工作的问题很多，现场队的压力越来越大。我看到现场工作量日渐增加，而且有时很急迫，难度又大，就及时从北京院总部调来年轻的骨干和经验丰富的老专家，带上先进的设备到现场工作。高峰时，我们现场队由50人增加到100多人。

就在2000年下半年，我和现场队队长邢继精心组织、安排，细心严谨地实施，会聚了各个系统的专家、领导干部和技术人员100多人，在现场对所承担的每一项工作、对每一条管道、对每一根管子进行了详细检查，同时认真地核实是否符合核电工程规定的法规标准。这样逐项、逐条、逐根地对设计图纸检查之后，还要到现场工地逐项地核对，并逐项地核实、检验。这项检查、复核工作，我们小心翼翼地进行了几个月。在复查中，我反复强调："这些细节，一定要细致，细致，再细致，不能放过任何一点儿蛛丝马迹。要知道，细节会决定事情的成败。”技术人员们用火眼金睛，查出了几十根有问题的管子。其中，有根管子设计压力只有几十公斤，而水压试验时要达到 100 公斤。如果不是这次认真复查，那么这根管子就要带来严重后果。当时复查出来后，我们马上更改设计图纸。有的管子还没有下料，我们就改用新的设计；有的管子已经安装，就在重新安装时改用新的设计。从 2001 年起，尽管设备采购和供应还时有耽搁和变化，但设计图纸已经满足了工程施工进度的需要。

2002 年 4 月 15 日，秦山二期核电站 1 号机组比计划提前 47 天投入商业运行。

（李晓明　中国核工业集团有限公司总经理助理）

建造与运行

我参与和见证了秦山核电建设的艰辛历程

⊙张华祝

1988年1月，秦山二期组建。彭士禄副部长是董事长，中国核工程公司当时的总经理是吕德贤，他还兼任秦山二期的总经理，于洪福和叶奇蓁任副总经理。1988年11月，我开始参加秦山二期的筹建工作，任总经理助理。为了加强对二期筹建工作的领导与协调，1989年元月，赵宏副部长兼任秦山二期总经理，吕德贤同志改任副总经理。1989年3月，我从北京转到秦山，协助于洪福副总经理在现场的工作，负责生产准备，直到1992年5月离开秦山，总计三年多的时间。

气势磅礴的秦山核电二期主厂房钢衬里内景。

1995年2月，我到中核总任副总经理后，党组要求我分管核电工程，就是秦山二期，我管得也比较具体。当时秦山二期的董事长是马福邦，很多事情我就和马总商量。从1988年到1995年的八年时间里，秦山二期工程一直在紧锣密鼓地准备，但遇到了投资不落实的问题。到1995年，资金的解决出现转机，中核总决定开始秦山二期工程建设的各项准备工作。我的主要工作任务就是在和各相关部委协调的基础上落实资金筹措方案，负责联营合同和公司章程的修改。

资金的筹措一直是个难题。1995年，对工程的测算是148亿元，钱从哪里来是个问题。当时中核总蒋心雄总经理经常向国务院领导汇报，邹家华副总理非常支持，并做出重要批示，要求国家计委落实。资金筹措过程中有两次重要的会议。一次是1995年7月12日在秦山，主持人是当时国家计委的一位副主任，分管投资。会议有中核总，以及浙江、上海、江苏、安徽、华东电管局等几方人员，主要讨论资金筹措问题。会议提出的方案是由六家出24亿元，通过银行贷款88亿元，再加上出口信贷。但由于各省市出席会议的代表没有足够的授权，答应把会议的精神带回去，因此没有形成最终决议。同年 8 月 16 日在中核总秦皇岛培训中心，国家计委的这位副主任又将几家召集在一起开会，最终确定了股比：中核总 50%、浙江 20%、上海 12%、江苏 10%、华东电管局 6%、安徽 2%。这两次筹资会议对秦山二期顺利建设起到了重要的推动作用，解决了关键的资金问题。

在这个基础上，公司的章程和合同需要进行修改。从秦山二期筹建开始，国家计委就要求工程要实行业主负责制，要建立董事会。董事会要负责筹资、工程建设、营运和贷款偿还。当时明确要求将秦山二期作为改革的试点。第二个要求是要进行招投标。当时秦山二期确定设计单位，确定土石方工程单位都是通过招标完成的。核二院作为总包院，核一院作为核岛的承包方，华东院作为常规岛的承包方。1995 年 8 月，启动公司章程和联营合同修改工作，1996 年 6 月 1 日由各股东代表最终签署，历时近一年。国内核电工程用《中华人民共和国公司法》来落实各投资主体责任和项目法人责任，股东会、董事会、监事会职责分明，在当时算是新事物，现在看来也是比较规范的，对工程建设起到了重要的保障作用。

秦山二期开始建设的时候，国内已有秦山一期和大亚湾核电站成功建设的经验可以参照。有参照，也有创新，技术上有大亚湾核电站可借鉴，是在对 M310 消化吸收的基础上再创新，将 90 万千瓦变成 60 万千瓦，其中创新的难度显而易见，因此获得国家科技进步一等奖当之无愧。在“以我为主”建设核电站方面，无论是在管理上还是在技术上，秦山二期都上了一个新的台阶。在我国核电国产化、批量化建设上，秦山二期的基础作用十分明显，对吃透 M310，对设计能力、工程管理能力的提升都起到了非常重要的作用。

（张华祝　原中国核工业总公司副总经理，
原国防科工委副主任）

秦山核电是中国核电的起源地，9 座核电机组在秦山拔地而起。

秦山二期解决了工程业主责任问题，提高了效率

⊙赵　宏

秦山二期核电站搞了一个60万千瓦的。当时国家计委考虑中国的设备制造能力不够，需要依赖更多的进口，搞100万千瓦有困难，所以就给定了60万千瓦。60万千瓦技术脱胎于法国的M310，将原来的三个回路改成两个回路，减少了三分之一。筹划秦山二期也是我负责。二期换了好几个董事长，有彭士禄、马福邦、张华祝等，但是我干的时间最长——八年。二期的收获主要是明确商运化核电站的特殊要求是什么。当时任副总理的李鹏同志跟我说，出问题，你要负责。其实任何一个岗位都要这样，出了问题，能找到负责的人。我们那时候，遇到重要问题和挫折，领导都要出面。我和欧阳

予当年深入基层几十次。我认为，秦山二期主要是解决了责任问题，提高了效率，工期短，成本低。但是有个现实的矛盾，工作干的时候多快好省，结果电价定得太低。秦山二期指标完成是不错的，安全是合格的，运转是不错的，可是，工期短，成本低，结果电价也低。现在勉强承认秦山二期的3、4号机组的电价四毛二，也没有高多少。

通过秦山二期，我们学到了不少东西，总结了一期的经验，改进了前期不好的方面。秦山二期开始有董事会，大家团结一心，齐心协力，推动了总经理部的工作，积累了一些非常好的经验。

（赵宏　原核工业部副部长，原中国核工业总公司副总经理）

秦山二期的“玄机”是抓好质量控制、进度控制和投资控制

⊙于洪福

就在秦山核电一期如火如荼建设的时候，国家决定趁热打铁，上马秦山核电二期工程。1987 年 6 月，这个牵头的任务又落在了我的头上。我二话没说，以绝对服从的报国精神，披挂上阵，再度征战秦山二期工程。

有了秦山一期工程前期准备和开工建设取得的一些经验，秦山二期的前期准备工作就相对比较顺利了。秦山二期定下来的基调是“以我为主，中外合作”，就是以秦山一期这个模式为主，中外合作，在土建、安装、设备制造、调试过程中，我们没有掌握的技术和设备制造，通过中外合作的方式加以解决，凡是中国自己能干的都自己干。

核电建设是庞大的系统工程，要把各路建设大军、各方力量组织好、协调好、管理好，绝不是一件轻松的事情。其“玄机”可以概括为“三大真经”，即抓好“三大控制”：质量控制、进度控制、投资控制。在秦山二期建造过程中，这三大控制我们都做得比较好。我个人觉得最好最突出的是投资控制。投资控制中设备投资又是关键，设备投资控制住了，投资的百分之五十就控制住了。秦山二期最后的设备投资不是占总投资的50%，而是46%，不要小看这四个百分点，那可是好多个亿的钱。

因为秦山二期建设需要自筹资金。在建设的关键时期，为了找资金，我在中国核工业总公司领导和董事会的授权下，找上级主管部门，最后直接找到中央领导，为工程争取宝贵的建设资金。

有一件事我至今记忆犹新，觉得很有意思。那次我要进中南海见邹家华副总理，跟邹家华的秘书吴秘书联系，他说给我安排，要我这一周不要离开北京，只要邹家华副总理有空，哪怕挤出10分钟，他就给我打电话，让我赶紧坐车进中南海。结果我等了五天也没有电话。

我们在北京有个办事处，有两辆车。这一周办事处其他人办事也要用车。我因为还不知道究竟要等多少时间，就对他们说：车你们拿去用吧，该上哪就上哪。刚好就在这两辆车全部出去的时候，吴秘书来电话了，叫我马上去。我说出租车能进去吗？他说，那不行！我去找核二院的领导，他们说有一台老上海车，但是破的，早就淘汰了，看能不能开。我对司机说只要能开进去，回来无所谓。

车开到中南海门口，警卫不让进，就因为车破。我只好打电话给吴秘书让他出来接我一下。吴秘书出来接，我们才进去。到了停车场，我们的车一停下来，别的司机都出来围着我们的车子转，乐呵呵地问：你这个车怎么进来的？

秦山核电站的职工来自四面八方、五湖四海，一到海盐最重要的事情就是冬天怎么过，因为北方人到冬天不取暖实在受不了。但当时有规定：长江以南不能安装暖气。后来在赵宏副部长的支持下，我们集体商定了一个办法：大家筹资，个人动手，把集中供暖设备建起来。这也算是给群众办的一件好事吧。

现在的秦山核电基地是“国之光荣”，也是我们核工业的骄傲。回忆当年，真是感慨万千！这么多年工作下来，我自己也得到了锻炼和提高，经受住了考验，但是对于我的家人我心里有很多愧疚：由于工作忙，我没有能够照顾好我多年偏瘫卧床的妻子。她在戈壁滩上参加工作，1978 年得了脑出血，抢救过来后留下了后遗症——偏瘫。36 年中，她从四十几岁到八十岁，人生的一半时间是在床上度过的。我们是同学，青梅竹马，感情也特别好，她非常支持我的工作。2015 年 1 月她去世了，她走的时候我很悲伤。为了我的工作，她牺牲的东西很多啊。

我曾担任秦山一期的第一任厂长和二期的总经理，两期工程初期开挖土石方时带领职工搬掉了秦山的一角和杨柳山，有人把我戏称为秦山“愚（于）公”，这个称呼里面还饱含着对我的敬重。但是，我认为我做的这一切是工作需要。秦山核电站的建成，从中央到地方各方面、各个部门、各个行业都做出了很大贡献，更重要的是，秦山所有参加核电建设的职工，他们做出了更大的贡献。我只是他们中的一员。

（于洪福　原秦山核电厂厂长，原核电秦山联营有限公司总经理）

秦山二期业主和设计施工单位精诚合作是成功的保障

⊙王寿君

在秦山一期建造的同时，1987年8月大亚湾核电站开始施工建设。秦山又准备建两个60万千瓦的机组。我去的时候，秦山一期建成之后中国核工业总公司成立了两个分公司——中原对外工程公司和中原核电建设公司，中原对外工程公司去建设巴基斯坦恰希玛核电站。之后，中原核电建设公司作为工程总承包方，在1994年开始准备建设秦山二期核电站，同时建两个60万千瓦的机组。秦山二期工程建在杨柳山，原址可放置四个反应堆，岩石非常稳固。秦山二期比秦山一期的建设经验丰富了很多，因为建设队伍既有秦山一期的经验，也有和法国人合作的经验。那时秦山一期、二期的业主虽

然分成两家，但没有甲乙方的概念，业主方天天在我们的会议室开会。我曾和李永江总经理开玩笑：“你一年喝掉我600斤茶叶。”他们天天开会，有关设计的、施工的、审查的，没完没了的各种会，有时一天就要开好几个。我们也是每天早晚坚持开会，遇到问题不过夜，当天发现，当天解决。早会是布置当天任务，晚会是解决当天的问题和准备第二天的工作。

秦山二期最大的问题是设计图纸滞后，开工的时候工程设计的图纸不到4%。很多问题都是靠秦山一期和大亚湾的建设经验来摸索着干的。

秦山二期的施工难度非常大，工期卡得非常紧。我特别欣赏秦山二期的工作模式，在当时面临很多困难的情况下，质量、进度和投资控制都是非常好的。

在追赶工程进度的同时，我对出现的质量问题从不姑息迁就，而是非常严肃地按照质保程序处理。记得在2号反应堆厂房某层筒身混凝土浇筑时，由于中原建（中原核电建设公司的简称）搅拌站计量传感器出了故障，导致混凝土中水泥参量不足。根据经验判断，影响混凝土性能的可能性不大，所以有的同志出于对企业名誉、利益及工程进度等方面的考虑，提出内部处理不向业主报告。我知道后毫不犹豫地否定了这种建议，亲自向业主通报，主动承担责任。后来在国家核安全局、业主、监理公司、设计院等单位的严密监控下，按程序对此次质量事故进行了处理。这样做虽然使企业受到经济损失，工程进度也受到影响，但彻底地消除了质量隐患，向国家交出了合格产品。这件事非但没有影响企业名誉，相反，以诚信为中原建这个新组建的企业赢得了信任。

秦山核电二期工程克服了重重困难，在周密布局和高效施工中稳步前进。图为秦山二期浇筑反应堆主厂房底板。

那时候，我们天天解决问题，即便到晚上12点，也要把当天的问题解决了。当时我和李永江配合得非常好。我们从不休节假日，每年的大年初一，都带着大礼包去工地慰问职工。有一年，秦山遇到台风，当时刚盖好的加工车间房顶用的是瓦楞铁皮，风一大，满天飞。铁皮很薄，像刀子一样，容易伤人。暴雨还将基坑都给淹了。第二天风一停，不管哪个部门，大家团结一心，一起抽水。我到中国核工业建设集团公司工作以后，整个核电站建设都是我在负责。我觉得，目前没有一个工程遇到的困难像秦山二期那么多。

赵宏副部长那时候亲自到核二院去抓设计。核二院也是全体动员，生病的、怀孕的都被动员起来，全力以赴。依靠这种精神，讲效率，赶工期，秦山二期终于提前完工发电。在秦山二期建设中，业主公司和建设公司精诚合作，这种模式对秦山二期的建设也起了非常重要的作用。

（王寿君　全国政协常委，中国核学会党委书记、理事长）

秦山二期工程建设让我感受到艰巨和责任

⊙李永江

1964 年我从哈尔滨工业大学毕业后，被分配到核工业四〇四厂工作，在那里一干就是 30 多年。1995 年调任核电秦山联营有限公司党委书记，1996 年底任公司总经理，主持国家重点工程——秦山核电二期工程的建设工作。秦山核电二期是我国自主设计、自主建造、自主管理和自主运营的核电项目，也是“九五”期间同期建造的四座核电站中唯一的国产化项目。如果说在戈壁滩上我感受到的是神秘和荣誉，那么在秦山我感受到的则是艰巨和责任。

由于秦山核电二期是我国第一座自主设计、自主建造、自主管理和自主运营的商用核电站，当时面临的困

难和挑战也是巨大的。

秦山二期60万千瓦核电机组上马的时候，国际上已经在搞90万千瓦了，唯独我们搞了个60万千瓦，这是因为当时我们国家的设备制造能力远远不够。当时，90万千瓦是可以模仿借鉴的，但60万千瓦必须完全靠自己去研究设计，难度是非常大的。正因为如此，设计图纸供应量远远跟不上现场的需要，图纸跟不上，现场就没办法组织有效的施工，所以我们当时遇到的困难现在想起来都难以言表。那个时候我们业主协调各方包括设计院、施工单位、设备制造厂、监理单位共同努力，一起攻坚克难，总算把这个难题突破了，最后取得成功。

秦山二期是国家重点工程，责任重大，影响深远，假如失败了，在国际上的负面影响太大，所以只能成功，必须成功，不能失败，这是我们的坚定信念。没有这个坚定信念，遇到困难的时候，稍有迟疑，后果是不可想象的，就像军队上了战场，冲锋号吹响了，后退那就是溃败。当时整个秦山二期现场，各参建单位都有这个信念：一定要把工程搞上去。正是基于这样一种信念，大家克服各种困难，一步一步地往前走，十分艰难地往前走，最后走向了成功。

2002年4月15日，秦山迎来了一个春光明媚的日子，一个让中国核电人永远无法忘记的日子——秦山二期1号机组比计划提前47天投入商业运行，创造了我国核电建设史上的奇迹。

然而，好事多磨，一年多后，秦山二期又突遇严峻考验。那是2003年7月，国家核安全局对我们的2号机组进行了役前检查，发现2号压力容器的接管安全端焊缝出现微裂纹。这里是一回路的压力边界，所有焊口都不允许出现任何问题，如果有缺陷，运行多年后可能发生渗漏，这是完全不能接受的，也是不允许的。2号机组马上就要建成，突然出现这个问题，如果处理不好，核安全局就不会允许机组投入生产。

当时我们设想了三个方案，一个是经过论证，可以有条件地运行，但有一定的风险。国家的核安全管理非常严格，这条路根本走不通。第二个方案是整个压力容器换掉，重新制造一台压力容器，但这样做对于工期的影响太大了。如果采用这个方案，工期至少推迟四年。第三个方案比较折中，也是非常成功的一个方案，就是进行焊缝的补修。但当时对焊缝到底能不能补修，我们心里是没底的。当时国家没这个技术，我们在国内跑了一些单位，没有哪个单位能承接这个任务。最后我们向三家外国厂商发函介绍情况，让他们参与竞标，提出解决方案，最终选定了美国的一家公司。应该说美国人的技术水平还是比较高的，他们当时正好在瑞典一个已经运行了的核电厂做焊缝的缺陷处理。我们的核电厂没有运行，处理起来相对要简单一些。美国这家公司前期做方案的时间很长，方案也做得非常周密，等到设备运到现场以后，工人操作 18 天就把焊缝问题圆满解决了。之后经过性能的检测，完全合格，我们终于顺利地渡过了这道难关。

秦山核电二期建设任务是非常艰难的，工作是非常紧张的。但是，无论工作多紧张繁忙，我都非常注重企业的文化建设。秦山二期是各个单位调过来的人组合在一起的新单位，大家的信念、习惯以及对问题的一些基本看法都不太一样，必须在一个原则下把大家的认识统一起来，增强企业的凝聚力。我们教育全体职工牢固树立“质量第一”“安全第一”的理念，培育职工“探索的工作态度、严谨的工作方法、相互交流的工作习惯”的人品特性，使公司管理做到制度化、程序化、标准化，逐步形成了秦山二期的企业文化。

从1996年到2004年，八年磨一剑，我和我的团队卧薪尝胆，终于“扬眉剑出鞘”。2004年，我告别了总经理的位置，成为秦山二期的新任董事长。

我在秦山二期发电后填了一首词，这首词也可以说是我的心情的真实流露。

调寄《沁园春》

巨厦摩天，广宇流辉，浩塔凌空。引丹桂飘香，青山滴翠，红霞溢彩，阔水生风。片片丹心，铮铮铁骨，共济同舟建殊荣。应无悔，育一身赤胆，两座雄峰。

曾迷雾锁云横，赖益友雄师齐奋争。感风急浪险，征途漫漫，任重道远，号角声声。蛟龙疾驰，英才奋起，破浪扬帆启新程。挥劲旅，盼宏图重绘，再逞雄风！

（李永江　原核电秦山联营有限公司董事长、总经理）

设备采购为核电国产化开路

⊙郑本文

1969年，我毕业于西安交通大学工程物理系反应堆工程专业，被分配到核工业四〇四厂工作。1982年3月，我被调入秦山核电厂。1991年12月，秦山核电厂并网发电不久，我从秦山核电公司调任核电秦山联营有限公司副总经理，主要任务是负责秦山二期的设备采购。

秦山二期工程的参考电站是大亚湾核电站，采用的技术标准主要是法国核电设计建造标准（RCC）。由于当时国内资金紧张，法国法玛通公司承诺提供配套的政府出口信贷，提供主要设备供货。1992年年初，中国核工业总公司与法玛通公司签订了合作协议。我的第一个谈判对手就是法玛通公司。

1994年年初，中核总副总经理李玉伦出访法国，我请他在当地召开法国供应商会议，讨论秦山二期在法国可能采购的清单，除法玛通公司外，法国中小核电设备制造公司方面也积极响应。

1994年6月，我带队赴法国同法玛通谈判主设备采购及配套的出口信贷条件。法玛通认为，中方采用的是法国的技术，不可能分开采购。因此，在谈判桌上提出了对核岛设备制造采取“大包”方式进行供货，金额为14亿法郎，我国因此要向法国政府申请不少于14亿法郎的出口设备信贷。

“这简直是漫天要价！”这个价格比我们的预期要高出许多，这是我们不能接受的。第一次谈判双方不欢而散。

法国人不急，我们急啊。法国人能等，我们不能等。我们通过与法国中小核电设备制造厂商交流以及了解其他国家的设备制造能力和价格，发现他们的报价比法玛通的报价低了许多。我们因此有了与法玛通谈判的砝码。

1994年10月，我代表核电秦山联营有限公司开始与法玛通进行全面谈判，但法玛通拒绝实质性降价。1995年1月，法玛通公司由于总包了我国国内另一座也以政府信贷模式供货的核电厂的全套设备供货，因而无法再为秦山二期申请足够的政府信贷，导致与我方在历

经四个多月的谈判后再次陷入僵局。而此时，距国家要求的秦山二期 1 号机组的开工时间——1996 年 1 月非常近了。按要求，压力容器、蒸汽发生器等重大设备必须在工程开工前一年半签订采购合同。设备订货迫在眉睫。

1995 年年初，中核总领导果断决策，秦山二期工程设备采购范围不局限于法国，可在世界范围内进行选择。这种模式当时被称为“打开大‘包’、多国采购”。

多国采购的重大决策，打破了国外一家垄断的局面。“多国采购”一经提出，国家核安全局、国家原子能机构的专家对此非常关注，中核总总工程师、秦山二期董事长马福邦，秦山二期工程总设计师叶奇蓁等慎之又慎，与我从采购角度反复讨论，多次召开专家研讨会进行研究。经过充分讨论，认为多国采购是可行的，关键要处理好标准的相容性和设备之间的技术接口。为此，在采购工作中，我们充分利用设计技术负责制，调动核工业一院、二院、华东电力设计院方方面面的专家，组成一支全面覆盖核电厂关键设备的技术队伍，对所采购的每一项设备都进行了大量的技术分析比较和论证，在技术、经济和风险等方面进行了综合论证后才决定订货。

本来我们准备部分设备还是从法国采购，可谈判的时候，法国许多厂家还是摆出一副“非我莫属”的态度，价格居高不下。我们只好重新调整策略，对进口设备采取与国内设备采购一样的“货比三家、择优采购”的原则，即由技术、价格、服务三个共同参数组成综合指标，最后根据排名来确定最终的供货厂家。

由此，秦山核电二期开始了世界范围内的设备采购。我们全面与国外厂家进行接触，千方百计地了解各个国家同类设备的价格、质量和交货期，同时与两至三个国家就同一种设备进行谈判。“货比三家”的模式充分发挥和运用了市场机制，既采购到了质量和交货期有保证的设备，又节省了投资。仅打开法玛通供货“大包”这一做法本身，设备采购费用就节约了30%还多。秦山二期工程1、2号机组单位千瓦造价为1330美元，是国内外同期建造的核电厂中成本最低的，这是与“货比三家、择优采购”的设备采购策略分不开的。

回顾秦山二期1、2号机组的设备采购历程，我认为国产化之路的确很难、很苦，但我们从未动摇过，始终怀着必胜的信心，闯过了道道险关，为我国核电发展开创了一条路子。

（郑本文　三门核电有限公司原党委书记、总经理）

秦山二期挺起了民族核电的脊梁

⊙于英民

1969年，我从西安交通大学动力机械系涡轮机专业毕业，被分配到核工业四〇四厂工作。1996年，被调入核电秦山联营有限公司，有幸参与了秦山二期核电站的建设和运营管理工作，多次参加了秦山核电站建设经验总结。我真切地体会到：我国自主设计与建造的秦山二期核电站实现了由自主建设小型原型堆核电站到自主建设大型商用核电站的重大跨越，走出了一条核电国产化的路子，挺起了民族核电的脊梁。我感触最深的是以下几点：

一是自主设计，掌握核电的核心技术。秦山一、二期核电站都是我国自主设计、自主建造的。秦山二期通过自主设计，优化了反应堆堆芯设计、二回路的系统设计、系统的总参数，许多参数达到了国际领先水平，中国核电的自主化能力得到大幅度的提升。秦山二期反应堆的堆芯物理、热工水力、主回路系统布置及相关的辅助系统、反应堆厂房、与厂址特性有关的子项，还包括核电站控制、保护和信息系统等都是自主设计的。可以

秦山核电是强化战略科技力量的典范，从科研、设计、建造、设备制造 、电站调试、运营、管理全过程，到数字化射线检测技术、燃料入堆考验、数字化无损检测技术等，一直处于国际先进水平，使中国成为世界上第七个自主设计建设核电、第八个出口核电的国家。

说，在核心技术上做到了既知其然又知其所以然，这就为自主建设、自主管理和自主运营核电站创造了必要条件。秦山二期汲取了国内外在役核电站的经验，在设计、建造、调试等方面实施了多项重大技术改进与创新，提高了电站的安全水平、技术性能和运行可靠性，电站总体水平达到了 20 世纪 90 年代国际同类核电站的先进水平，很多方面达到了第三代核电站的技术水平。

我国第三代核电品牌“华龙一号”，正是在秦山核电站实践的基础上，根据核事故经验反馈以及我国和世界最新安全要求，吸收借鉴国外核电站的先进经验，自主研发的具有完整知识产权的先进百万千瓦级压水堆核电技术。

二是自主建造，采用现代管理模式和施工技术。秦山二期按照现代企业制度要求，在国内核电企业首次实施“业主负责制、招投标制、工程监理制”的项目管理模式。业主全面负责核电站的建设管理；设计、施工和设备采购实行招投标制；监理公司负责建筑安装阶段全过程、全方位的监理。工程建设采用科学的管理方法，实现“质量、进度、投资”三大控制，建立“三级质保、两级质检”的质量管理体系，自主实施机组的全部调试工作。由于秦山二期工程是从原来的中外联合设计转为自主设计，设备采购（国外部分）也从原拟一国采购转为多国采购，从而使秦山二期工程设计工作进展缓慢，工程开工以后，施工图纸储备严重不足，开工三个月后，出现了现场施工等图纸的现象。在确保72个月总工期不变的前提下，业主先后两次调整了工程建设的二级进度计划。同时，时任秦山二期总经理的李永江组织领导班子研究决定，打破国际上核电施工惯例，在责任不转移的前提下，创造性地实施“安装提前介入土建，调试提前介入安装，运行提前介入调试”的施工管理模式，并组织编制了108个现场施工接口和管理程序，业主与设计院、施工单位密切配合，采取多项措施，最大限度地追赶进度。在施工中，采用现代管理工具和施工技术，在国内首次采用了反应堆安全壳穹顶整体吊装的新技术，成功控制了土建施工中大体积混凝土裂缝问题，自主开发了控制棒驱动机构Ω焊机及切割机，并成功应用于工程安装中，首次将从法国引进的电缆敷设程序用于工程安装等。这些新工艺、新技术的应用，不仅节省了费用和缩短了工期，还填补了国内多项施工技术的空白。在秦山二期工程建设的关键时期，时任中核集团公司总经理的李定凡在2000年一年内9次来到秦山，召开了7次现场协调会，盯着各设计院、工程施工单位，把问题解决在现场。最终，秦山二期工程进度抢上去了，安全、质量和投资都控制得很好。秦山二期完全依靠核电厂自己的力量进行工程调试。在工程现场，面对业主、设计院、土建安装单位、设备制造厂等方方面面大协作的局面，公司总工程师俞忠德主持制订了调试三级网络计划、阶段网络计划、月调试计划，直至每日调试计划。带领共产党员技术骨干和入党积极分子，不分昼夜，扎根在现场，有条不紊地开展调试工作。在调试的关键阶段，经公司党委审批，调试队党支部在现场举行了入党积极分子"火线入党"宣誓仪式。秦山二期工程调试计划进度16个半月，实际只用了13个半月，少于或等于国外核电站的平均调试时间；所有重大试验项目一次调试成功；调试水平和质量进入国际先进行列。2002年4月15日，秦山二期1号机组比原计划提前47天投入商业运行，走出了一条我国核电自主发展的新路子。

三是自主采购设备，推进核电设备国产化。秦山二期工程设备投资占核定概算价的50.42%。在设备采购方面，秦山二期建立了合同价格审批和制约体系，按合同价格大小逐级审批，严格贯彻公司董事会对国内外设备订货超概算控制的报告和请批规定，严格遵循“货比三家、择优采购”制度，严格遵循价格分析报告制度，严格遵循合同价格审批制度，严格遵循合同文本会签和审计制度，严格执行设备采购工作的各项程序。为了防止违规操作，还同国内各有关设备制造厂家签订了廉政建设责任书。在设备采购和设备监造中，秦山二期投入了非常大的人力物力。建设初期，主管设备的副总经理郑本文，在北京参加对外商谈判，三年时间内加班加点工作，吃饭在职工食堂排队，晚上熬夜时方便面当点心，努力争取以合理的价格采购到好的设备。后来主管设备的副总经理宋建国、孙云根同样以高度的政治责任心抓好设备采购管理工作，为核电设备国产化做出了重要贡献，分别被评选为“全国设备管理先进个人”和中宣部表彰的“时代先锋”。秦山二期对设备采购人员一直强调抓好廉洁自律，不准收受任何厂家的钱物，对于无法退回的钱物要上缴纪委。秦山二期纪委曾累计收到上缴的钱物价值 40 多万元。秦山二期在设备采购与制造中，造就了一大批国内核级设备制造厂，一些重大设备得以实现设计、制造的国产化，同时也培养了一支懂技术、懂商务、懂管理的设备采购队伍，为核电新项目的建设积累了经验。

四是自主运营，培育核安全文化。秦山二期核电站牢固树立“安全第一”的理念，学习借鉴国内外核电厂的先进经验，建立了一套具有自身特点的安全生产保障体系和监督体系。建立了安全生产责任人制度、安全培训制度、授权制度、安全监督制度、安全评审制度、安全生产奖惩制度、事件报告制度和核事故应急响应制度等；编制了管理程序和《职工工作守则》《工程建设安全文明管理守则》等行为规范准则，培育全体员工“探索的工作态度、严谨的工作方法、相互交流的工作习惯”的人品特性，把安全生产责任落实到公司的每个员工，把安全防范措施落实到生产的各个方面，杜绝了安全隐患的发生。在自主运营实践中逐步实现了运营管理制度化、程序化、标准化，也创造了很多新鲜经验，如十大技术问题滚动整治制度、运行观察和评估制度、主控电子日志、防人因失误管理制度和“5T”管理模式等，还有运行数据分析系统、现场巡检小神探系统等项目，都是做得非常成功的。这些经验对中国后来建设的核电站安全稳定运行起到了示范作用。

（于英民　原核电秦山联营有限公司党委副书记、纪委书记）

秦山是新建核电项目的坚实后盾

⊙郑砚国

1990年2月，我从华中科技大学毕业后被分配到核电秦山联营有限公司工程管理处。当时国家对秦山二期工程何时开工没有明确的态度，现场的条件比较艰苦，由于项目停滞，闲置了很多设备，装载机、运输车辆等都堆在现场，显得有点萧瑟。为了促进项目早日开工，秦山二期做了一个短片送到中南海，旨在让中央领导了解秦山项目的现状和可能造成的损失。就这样，项目也一直等了好几年才正式开工。

秦山二期参照大亚湾的设计将三个回路改成了两个回路，设计的复杂程度增加。临近开工时，图纸积累量非常少，对于能否开工其实存在一些异议，但当时的领

导张华祝做了一个非常重大而又明智的决策：坚持开工，不能等靠要。就这样，秦山二期开工了。当时的二期边设计边施工，加之我们经验不足，开工后项目进展上的困难可想而知。首当其冲的就是图纸不到位，我经常被派到北京核二院去催图纸，往往是当天到北京隔天就凑齐图纸发运。当时的工作部署得非常细致，既要加快速度又要降低成本，连乘飞机还是坐火车运送图纸都在会上事先确定，这种细致严谨的工作态度在我们这一代核电人的身上延续，令我受益至今。

虽然核电项目遇到很多困难，但秦山二期还是坚持工程建设上的借鉴创新，工程监理制的引进就是其中影响最为深远的一种。当时的监理单位是核四院四达监理公司，为了工程顺利推进，核四院做了很多准备，非常严谨，大家对核电安全性的认识高度一致。每一个见证点都需要监理见证，现场工作条件很苦，每到见证点的时候，工程处员工和监理人员就拿一张席子在现场打地铺，现场施工见证点到了，就起来现场查验，签字认可后才能进入下一个环节。事实证明，秦山二期的建设，无论是安全质量还是工期保证以及其他控制等方面都非常成功，从 1、2 号机组延续到 3、4 号机组，对后续核电站的建设，有很重要的借鉴意义。秦山二期的成功，我认为可以归纳为两个因素：一是大家敢于负责，勇于拼搏，有问题大家齐心协力，拧成一股绳，业主单位、建设单位、设计单位、监理单位以及设备制造厂都团结一致、各负其责。二是良好的工作氛围，大家对于标准都有不同的认识，对于借鉴创新有不同的理解，都会尽最大努力在差异中、在解决问题的过程中取得共识，共同推进项目前进。

秦山二期的建设也注重兼收并蓄，借鉴引进先进工作方法和管理经验。当时学习了大亚湾核电站的一些做法，我印象最深的是通过学习消化吸收大亚湾的管理程序，形成我们自己的管理程序。1990 年至 1991 年，秦山二期组织了很多人到大亚湾核电站去学习管理程序。大亚湾的很多管理程序都来自国外，比较先进和完善。虽然大亚湾没有义务为我们提供程序清单和程序内容，但却很支持配合，给我们提供了很多方便。大家相互理解，希望共同提高我国核电建设的水平。

秦山二期的工程现场接口很多，有业主、设计院、建设单位、监理公司等，接口之间按照程序办事就会明确责任，提高效率。在借鉴学习的基础上，秦山二期编制了自己的三方接口程序和四方接口程序，非常成功，在建立管理体系和程序体系方面走在了前面，从而提高了工程建设的效率。这是一种科学的管理方法，也是国内核电工程管理的一种创新。

在艰苦奋斗、自主创新的过程中，秦山得到很多的锻炼，也取得了很多的成就。追本溯源，秦山核电站的很多方面都体现了“自主”二字。同时，在实践中传承和发扬核工业精神，也逐渐形成了秦山核电的文化。秦山核电文化浸润了大批的中国核电人，也被带到了集团公司的各个新建核电站中。

（郑砚国　霞浦核电有限公司党委书记、董事长）

秦山核电培养的一批复合型管理人才，在秦山、福清、海南、田湾、霞浦等核电站从事严格的管理工作。

秦山为核电设备国产化做出了卓越贡献

⊙孙云根

1993年初，我从哈尔滨工业大学研究生毕业，到秦山核电站工作。记得刚到秦山二期时，尽管土石方开挖了，但是整个项目的审批还是未知数。我们这帮年轻人到了秦山以后，感受到前辈们、建设者们对工作一丝不苟的精神，自然而然地生出一种激情，一种把自己的毕生奉献给核电事业的激情。

秦山二期工程全面启动是在1994年下半年。那一年国庆节刚过，我们就组织国内外的设备谈判，主要还是跟国外谈。在充分调研国际市场的情况下，中核总领导决定对秦山二期的进口设备由一国采购改为多国采购。多国采购对我们来讲是非常大的挑战，毕竟我们当

时核电的设计才刚刚起步，而且65万千瓦的核电机组刚刚消化吸收创新后形成，做任何大的调整对设计的影响都是非常大的，包括设备的参数等，这是一个非常复杂的问题。

主要难度在于设备与系统的接口发生了变化。我们从不同的国家采购设备以后，各国提供的参数和接口尺寸，都跟法国的不一样，这就要求设计做大量修改。秦山二期开工后将近半年，图纸就不能满足现场施工进度了。这给当时的核二院在设计能力上提出了非常大的挑战，但是也给了他们锻炼能力的机会。通过这个过程，核二院不仅培养了大批设计人才，也为“华龙一号”的横空出世奠定了坚实的基础。

第二个重大的影响就是设备国产化。当时国家计委和机械工业部，非常重视设备的国产化。多国采购以后，我们就可以联合国内制造企业与外商谈条件，以实现设备国产化战略。

我们采用了什么办法呢？

我们首先调研了国内的一些制造企业，并做了分类：哪些是有基本能力的，哪些是有意愿做国产化的。然后我们跟他们谈合作。

实现国产化的第一种途径是技术转让。譬如重要核一级设备压力容器，当时国内还没有一家能做。我们就分别与日本三菱和上海锅炉厂签订合同，让日本三菱制造第一台，条件是他们要提供制造图，由上海锅炉厂制造第二台，并在制造过程中提供技术支持。

第二种途径是国外返包。我们把设备合同授予外商，要求外商把部分重要工序返包给国内制造厂。比如一个完整的蒸汽发生器国内还做不了，我们跟西班牙厂商签合同，要求他们将蒸汽发生器的封头和筒体的焊接交给中国的制造厂，通过对方提供的一些技术支持，国内制造厂掌握了焊接技术，并逐步掌握了蒸汽发生器整体制造技术。

第三种途径是我们提供部分经费进行科研开发。我们选择国内一些已有一定基础的项目进行深入研发。比如堆内构件，上海第一机床厂以项目为依托，在设计和制造过程中，我们提供1000多万元的资金请有关外商提供技术咨询和服务。

通过上述这些措施，核电设备的国产化发生了惊人的巨变。

在当今的国际舞台上，我们的“华龙一号”能够昂着头走出去是因为前面有积淀，正是这几十年艰苦奋斗的历程，才一步一步实现“华龙一号”成熟机型的开工建设。

（孙云根　海南核电有限公司董事、总经理）

秦山核电强化战略科技力量，为民造福。截至2020年，秦山核电累计发电6400亿千瓦时，相当于长江三峡电站的一半多，相当于减排6亿吨二氧化碳，相当于植树造林404个西湖景区。

做核电维修的好医生

⊙王大成

2002年，秦山二期在全国范围内招聘了一批有经验的常规岛人才充实队伍。我当时在山西省神头第一发电厂从事汽轮机检修管理工作，通过公开招聘，来到了核电秦山联营有限公司。

在此之前，我对核电和秦山核电站有一些了解。我毕业于东北电力学院，在学校的时候，通过看《中国电力报》知道了我国大陆第一座核电站秦山核电站并网发电的过程，当时觉得核电站是比较神秘的，所以整个大学时代都对核电站充满了向往。2002年，我终于实现了学生时代的梦想。

秦山二期是中国自主设计、自主建造、自主管理和自主运营的首台商用压水堆核电站，由于很多设备都是国产的，投入商运初期很不稳定，给检修工作带来了极

大挑战。来秦山报到的第一天，我就参与了紧张的首次换料大修。

我是2002年7月3日到厂里报到的。报到当天，我们维修处的处长问我："小王，你晚上能不能加班？"我说："可以啊，没问题。"结果我就连续加了15天的班。15天以后，机组运转起来了，我才高高兴兴地回宿舍休息。

2004年4月至5月，正值秦山二期1号机组大修，我检查时发现了汽轮机高压缸轴封漏气和发电机漏氢两个重大的设备缺陷，并参与了处理。

第一个缺陷是汽轮机高压缸轴封漏气。气体进入润滑油系统，会凝结成水，破坏基础的润滑，给设备的可靠运行带来非常大的隐患。检修设备的时候，我一直在考虑轴封系统为什么会漏。经过仔细的筛查和分析，我发现原因是设备的轴封平衡槽的方向设计有误。后来我们紧急把设备制造厂的总工程师叫过来一起分析，这位总工承认是他们的失误，紧急更换了一批零部件。零部件更换好后，机器运行就正常了，也达到了我们的设计指标。就这样，一直被公司列为机组十大缺陷之首的汽轮机高压缸轴封漏气故障被我们根治了，压在大家心头的一块大石头终于被搬走了。

第二个问题是发电机漏氢故障。我们知道，氢气在空气中的浓度达到一定数值时，遇明火很容易发生爆炸。所以，如果发电机周围氢气浓度接近爆炸值，是非常危险的。发电机漏氢是秦山二期 1 号机组调试以来一直没有得到解决的一个问题，这个重大缺陷曾导致 1 号机组好几次停运，处理这个故障最长要用十几天时间，不仅给公司带来了很大的损失，也成为机组安全运行的一个重大隐患。从公司领导到普通员工，都非常关注这个事情，都在想办法解决。当时，秦山二期 1、2 号两台机组在同时运行，我就对两台机组做了对比，一根管道一根管道地去查，一根管道一根管道地去摸，体会手感温度的变化。后来我发现，是安装公司在安装时把堵板遗留在管道中，导致油路供给被掐断，造成发电机漏氢问题。于是，我们紧急停机，把这个设备打开，取出堵板，再重新安装好。这之后发电机漏氢量就远远低于国家标准了。

大家说，我进公司两年就解决了影响核电机组安全运行的两项重要缺陷，很了不起。然而，我并没有满足，我希望带领团队能向更高的目标攀登。

秦山二期机组运行过程中，汽轮机振动过大一直都是核电厂的技术难点，我带领团队攻克了这个难题。对于我们核电厂的维修人员来说，我们对振动知识的掌握比较缺乏，处理这方面的问题确实感到有难度。但是我们在工作中尽量总结这方面的经验，并且跟国内的相关专家交流，通过多方面共同收集的知识和经验来提高技能。经过慢慢整合，我们最终通过高质量的维修，把振动问题解决得非常好，使秦山二期创造了连续安全运行316 天的佳绩。在这之前，机组运行没有超过 100 天的记录。

从 2002 年进入秦山二期工作以来，我一直奋战在维修一线，在解决一个又一个技术难题的同时，不断进行创新，一次又一次地缩短大修时间，为企业创造了经济效益，同时也提高了我的个人素质。

◀ 经过 30 年的摸索积累，秦山核电培养了一支高素质的设备维修人员，他们掌握了关键设备核心检修技能，为福清、海南、巴基斯坦恰希玛和卡拉奇等核电站提供技术支持，承担核电站的检修任务。

2007 年 10 月，我被任命为秦山二期常规岛大修项目部的经理，这使原本就很忙碌的我变得更加忙碌了。有一阵子，我把父亲接来同住，但是他住了两个月就要走。他说，他住在这也见不到我，他还是回吧。那段时间我特别忙，正好又有机组在检修，我基本上每天加班到深夜，回到家的时候父亲已经睡了，等我早上醒来，胡乱吃几口父亲给我准备的早餐就走了，一天在家里待不了几个小时，在家时又基本上就是睡觉。

我们的工作性质和状态就是这样，需要随时就能赶到设备旁边去分析诊断。在厂里上班时，一旦设备出现状况，无论我在哪里，30 分钟内必须赶到现场。

2008 年，我荣获全国五一劳动奖章，以及浙江省劳动模范、中核集团公司优秀共产党员等荣誉称号，并且有幸参与了北京奥运火炬的传递活动。我当时心情非常激动：自己是秦山核电站的员工，能代表秦山核电站参加北京奥运会的火炬传递活动，感到非常自豪。作为一名普通的技术人员，秦山核电已经给了我太多的荣誉。我一定会尽最大的努力报效秦山，回馈核电，为我国核事业做出应有的贡献。

（王大成　秦山核电研究员级高级工程师）

第三章

引进建造70万千瓦级坎杜型重水堆核电站

秦山三期是引进加拿大坎杜型重水堆技术建造的核电站，装机容量为两台72.8万千瓦的核电机组。1998年6月8日，1号机组开工建设；2002年11月9日，1号机组并网发电，12月31日投入商业运行。1998年9月25日，2号机组开工建设；2003年6月12日，2号机组并网发电，7月24日投入商业运行。秦山三期核电站的建成，实现了核电工程管理与国际接轨。

引进国外重水堆先进技术，多元发展放眼未来

⊙郑庆云

1995年，李鹏总理在听取国家计委“九五”计划汇报时说，在充分利用我国已有条件的基础上，要重视吸收国际上先进核电经验，比如重水堆可以使用天然铀，是一大优点，通过积极引进新技术，为下世纪核电发展打下一个良好的基础。

中国和加拿大重水堆项目实质性合作始于1993年。当年9月，中国核工业总公司和江苏省电力局联合组团赴加拿大考察，由中核总总工程师马福邦任团长，团员有核电局局长李玉崙、江苏省电力局局长吴文炜、我，还有其他几人。我当时任核电局政研室主任。加方特别是加拿大原子能有限公司对此十分重视，派出部门经理

大卫·鲍克全程陪同。这次出访的背景是，我国驻加多伦多领事馆向国内发来外交电报，说加方有多套重水堆核电设备有望优惠引进。当时国内有关省市，如江苏、广东、山东等，也曾有过引进重水堆的想法。不久，国务院和国家计委领导批示，由中核总牵头组团考察。

引进重水堆一直是想干而又不便直言的敏感项目。1983 年国务院决定我国核电走压水堆为主的技术路线，所以当提出引进重水堆之初，上级领导就明确批示："资金有限，不能再开一种堆型，尽管重水堆也有许多可取之处，20 世纪 80 年代中期国务院组织过大论证，对此事已做过决定。"但经过这次细致考察，对引进重水堆的利弊做了充分分析，认为 80 年代决定走压水堆路线并不否定像我们这样的大国可拥有少量成熟的其他堆型，"发展核电的基本路线是压水堆，主要是指制造能力以压水堆为主"。重水堆以天然铀为燃料，对分离功的需求小，能充分有效地利用中子，生产多种同位素，这对完善我国军民结合的核工业体系很有好处，况且当时国内资金紧张，重水又难以配套，而加方承诺可以提供可观的贷款，租赁重水；加之加拿大地处北美，发展与加强中加两国关系在外交上、政治上对我国有利。

经多方论证，我们的信心更足了。为了清晰地表达论证的结果，我们还请姜云宝同志修改文稿，报最高行政领导审批。在两国领导人多次互访的推动下，经多方努力，最终批准可与加方进行实质性谈判。

此后又经过两年多的艰苦奋斗，在国务院各有关部门和地方政府领导的关怀和支持下，经中核总机关、秦山核电基地领导和骨干的超常规的努力，1996 年 2 月 6 日，国家计委以计交能〔1996〕226 号文批准《秦山三期（重水堆）核电站工程项目建议书》。

重水堆核电站的建设和运行，均创造了优异成绩。最近几年又不断传来重水堆核电的好消息：利用重水堆实现同位素钴 -60 产业化，年产钴 -60 同位素 600 万居里，可满足国内 80% 的市场需求；成功实现压水堆回收铀在重水堆上利用的示范试验，预计可提高铀资源利用率 20% 以上。2014 年，我国与阿根廷签署了政府协议和项目框架合同，重水堆走出国门，这标志着我国已成功进军国际竞争性商用核电市场。这些都表明，在有条件的情况下，多元发展适当的技术储备是必要的，有的效果是当时想不到的。

（郑庆云　原核工业部政策研究室主任）

领导决策
把重水堆放在秦山

⊙姚启明

秦山一期核电站，一个30万千瓦的机组，要养活1700多人，压力仍然很大。如何把一个传统国企逐渐打造成有盈亏观念、有战略目标的现代企业，是我们日夜都在思考的问题，并且不断进行着探索。1994年，秦山核电站终于迎来了新的发展机遇。

那一年，中国核工业总公司总工程师马福邦找到我说，5月份，他和邹家华副总理去加拿大，看到加拿大的重水堆核电站不错。老马和我说，老姚，你30万别搞了，搞重水堆吧。1995年，我在北京参加全国人民代表大会，那时候李鹏同志是国务院总理，我们到中南海他家里去，他问了秦山的情况，问了四川八二一厂的情况。我见时

1998 年 6 月 8 日，秦山核电三期重水堆核电开始浇筑第一罐混凝土，反应堆安全壳滑模施工作业仅用了 14 天 4 小时，创造了多项同类堆型核电站建设史上的“世界第一”。

机成熟，就说，总理，你把重水堆核电站放到秦山来吧。李鹏总理反问我说，为什么放秦山？我说，第一是秦山有一个厂址——方家山的螳螂山，这个厂址不用征地，也没有移民，其他地方没有这么好的条件。第二是秦山有一个搞核电的生产施工队伍，有核电人员，其他地方都没有这样合适的人。第三是生活设施都可以省了，办公楼、宿舍都可以省了。后来李鹏总理还问了好多问题，谈了一个多小时，好多都是技术性方面的问题。比如原理怎么样、重水怎么样。讲到最后，就是落实建设资金。总理说，20 亿美元，你老姚怎么解决？钱从哪里来？我也说了国外融资等一些想法。最后，他拍了拍桌子，说，融资问题能够解决，同意放秦山。

总理拍板同意重水堆放秦山，我们欢欣鼓舞。然而，接下来是巨额资金问题，这可不是一笔小钱。融资问题，后来和加拿大谈，他们提供出口信贷，谁给我们的设备谁出钱，后来加拿大出 15 亿美元，美国也卖过我们设备，美国也出钱，日本也出钱。反正一共大约 30 亿美元，采用出口信贷的方式，我们把融资问题解决了。

可是接下来具体引进重水堆的谈判却旷日持久。1995 年开始的谈判，持续了一年的时间，将近 150 人的谈判团，进行了一次又一次的艰苦谈判。

首要问题是，加拿大卖给我们的技术可靠不可靠？参考电厂是哪里？当时根据他们的报价，算出来一度电要八九毛，谈判的差价比我们预想的要高 20%。一轮轮谈，谈到最后，差距围绕在 10% 降不下来了。加拿大总理让·克雷蒂安派了他们的工业部部长麦克当纳来北京谈，邹家华副总理在钓鱼台接见他。压价压不下来时，他说，你们买四个机组，这样才能降价。但两个我们都没有造好，买四个怎么弄呢？

眼看谈判处于僵持的局面，我们开会讨论决定，组织人员再次远赴加拿大。这次我们的目的很明确，节省预算。后来，经过双方一轮又一轮的磋商，谈判终于达成。1996 年，秦山终于上马了重水堆项目。

（姚启明　原秦山核电公司总经理，
原秦山第三核电有限公司总经理）

秦山三期的合同是规范的，经受住了时间的考验

⊙张华祝

秦山三期的董事会组成因为有了秦山二期的基础和积累，相对容易些。1997 年下半年，我的主要工作就是组建秦山三期，也就是秦山第三核电有限公司。当时挂牌很简单，在福利区 52 号楼挂牌，就董事会的几个人在场，没有任何仪式。

秦山三期的合同和章程基本上参考秦山二期。1998 年 6 月 8 日，浇筑第一罐混凝土，当天下了很大的雨，大家都被淋湿了。浇筑第一罐混凝土是工程关键节点，在中加双方合同中有明确规定。尽管当时还没拿到国务院的批文，但为了避免经济损失，箭在弦上，不得不发，于是我们就要求媒体不要公开报道。但是有的媒体当晚

还是报道了，事后我们受到朱镕基总理的点名批评。秦山三期的合同是比较规范的，很多方面都经受住了时间的考验。

秦山核电站已走上专业化、集约化的管理道路，关键是把运行搞好了。秦山核电基地机组多、堆型多、技术来源多，近年通过对运行资源的整合，走过了一个比较关键的阶段，目前比较稳定。要进一步优化资源配置，充分调动干部职工的积极性，在搞好 9 台机组安全运行的同时，为新的基地建设提供经验。尽管秦山不断有新的机组投运，尽管堆型多给管理带来不小的挑战，但秦山始终保持良好的运行业绩，值得秦山人、核工业人自豪！

（张华祝　原中国核工业总公司副总经理，
原国防科工委副主任）

参与进口合同谈判，主管工程现场施工

⊙陈曝之

1995年，我参与了秦山三期与加拿大进口合同谈判。当时我在工程组。谈判中，我们遇到了一些困难，但我们努力克服，为国家节省了外汇。谈判的时候，有一项是关于支付进度，就是什么时候给对方钱。这一点我们起先都没有什么概念。另外就是核电厂的工程节点和节点要求。还有就是汽轮机的价格，日本报价很高，报了1.7亿美元。我根据秦山二期和岭澳核电站的经验，觉得这个不应该超出一亿。后来中核总组织招标，日立公司、法国阿尔斯通等三家公司报价，最后一亿左右谈下来了。还有就是谈判的时候，这个项目是加拿大总包，核岛是加拿大的，常规岛、汽轮机是美国柏克德公司总包的，汽轮机是日本提供的，日本是美国公司的分包商，他们两家联合搞 BOP 核岛、常规岛。美国的经理想把汽轮机等的供货时间提前，也就是说开工 24 个月后供货，当时我说太早了，我们的土建工程一般要 29 个月，24 个月供货太早了，再说土建完了之后，还要留些时间做安装的准备工作。我把供货时间推迟到 36 个月，这样光利息就省了 800 多万美元。

1998 年，秦山核电三期项目正式开始建设。我当时已经 65 岁，因为人事变动，三期的董事长张华祝和总经理要我担任主管工程建设的副总经理。当时我就表态，虽然年岁大了，但既然领导信任，我就“应急”一次。当时我们集团公司的总工程师马福邦说，这“应急”非常重要，相当于核电的高压安注系统（高压安注系统是反应堆里面的一个重要的安全系统）。就这样，我又当了五年半副总经理，直到两个机组全部建成。接着，我又帮他们做了一年工程总结，整理资料准备国家验收又做了一年，所以我是 72 岁才真正离开本职岗位的。

我真正退休的时间是 2005 年，那时候秦山三期眼瞅着建成了。我觉得秦山核电站“国之光荣”的核心精

神首先是自力更生、自主创新、不等不靠、创造条件、主动进取，这个很重要。其次就是善于学习、大力协同、同心协力、爱国敬业、为国争光。

秦山核电站在咱们海盐已经30多年了，海盐的发展情况大不一样了，变化太大了。我希望海盐县不断地搞好核电相关产业，更加快速地发展，能够像美国西雅图一样，西雅图从一个1万多人的小镇发展成为50多万人口的大城市，靠的就是美国航空工业的基础。

我从1958年调入二机部，和核军工打了20年交道；从1978年到2005年，和核电打了27年交道。即使到今天，我仍然关注着秦山和中国核电。把一生最美好的岁月，都奉献给了祖国的核电事业，我很高兴！

（陈曝之　原秦山核电公司副总经理）

秦山三期成功的关键是强化了自主权

⊙吴兆远

1968年，我从清华大学自动控制系毕业，被分配到核工业八二一厂工作。1991年被调到秦山核电公司。秦山一期建设让我们积累了宝贵的经验，这些经验在秦山三期的建设中得到了很好的应用。我们在牢牢掌握自主权方面，确实为我们的核电站的建设奠定了牢固的基础。我参加过秦山三期工程建设经验总结工作，有几个方面令我印象比较深刻。

一是合同谈判。作为一个全部从国外引进的核电站，概算总投资是28.8亿美元，这是一个相当大的商务合同。但是这个合同谈判我们只用了一年时间，从1995年11月17日在海盐开始合同谈判，到1996年11月17日在北京核工业招待所草签合同，正好一年时间。那时，中核总指定以秦山核电公司为主体进行合同谈判。合同谈判能够顺利完成，很重要的一张“底牌”，就是我们有

秦山核电三期反应堆排管容器燃料通道安装仅用64天，形成了自己的技术权威。加拿大原子能有限公司高级副总裁顾凯理博士激动地说：“秦山三期工程是中加合作最好、工程最短、质量最高的坎杜项目。”

秦山一期的建设、运行经验和我们已经掌握秦山一期核电站的技术。从三期建设来看，我们主合同谈判就确定了一条根本的原则，就是我们业主要牢牢掌握主动权，什么时候、什么事听外国人的，什么时候、什么事一定要听业主的，在合同里面就加上这类具体条款。而且，我们在三期合同谈判的时候，就有二十几项重大的变更，实际上我们整个秦山三期合同谈判的过程中，总共进行了 99 项设计变更，其中 59 项是相对于参考电厂的厂址条件变化的变更，还有 40 项是基于我国法规的要求和我们的运行经验进行变更的。当时参加合同谈判的 200 多人大多数是秦山核电公司和 728 设计院有经验的技术骨干，虽然不熟悉重水堆技术，但是核电技术是相通的，这就为我们进行合同谈判奠定了良好的基础。在商务合同文本里，我们业主牢牢掌握了主动权，所以秦山三期工程不仅能够保证质量，而且能够提前建成，同时还节省投资 25 亿元人民币。

二是合同的执行。我们作为业主能够行使好业主的权利，在合同执行过程中牢牢掌握着整个工程的大方向。例如，合同规定业主有权下达停工令。我们的设备监造人员发现有的关键设备部件存在质量问题，但设备制造厂商仍然继续组装设备。经慎重研究后，我们果断下达了设备组装停工令，迫使设备制造厂商重新加工新的部件，保证供货质量，最后对工程进度也没有造成任何影响。

三是建造和运行中的技术改进。在充分消化吸收坎杜－6 技术的基础上，秦山三期实施了多项重大技术改进。主要的技术创新是：在设计方面，主控室首次增设关键安全参数显示系统，改进热传输支管材料，放射性废液处理系统工艺改进，首次开发机组运行技术规格书和放射性源项报告，国内核电站第一次在水处理厂增设反渗透和超细过滤装置，使秦山三期重水堆核电工程达到国际重水堆设计先进水平；在安全分析方面，首次在重水堆中应用国际通用标准进行安全分析，提高了安全性和可靠性，满足了中国核安全法规要求；首次在坎杜重水堆反应堆厂房建造中应用了开顶法施工、模块化预制安装等先进工艺，改进了海水泵房土石方开挖和围堰施工方案，大大缩短了建设工期；实施了海水系统等多项改进，提高了系统的可靠性；改进了物理启动试验方案，提高了试验的精度和安全性。通过自主研究与改造，机组额定电功率达到了设计值，解决了国外承包商未能解决的问题。完成了重水堆核电站国产燃料元件堆内考验和燃料元件的国产化。通过有效的工程管理和技术改进，保证了设计、设备、土建、安装以及调试质量，创造了世界重水堆核电站建设周期最短的好成绩，节省投资25亿元人民币，工程造价较国家批准的投资概算节约10.6%，创造了良好的经济效益和社会效益，达到国际重水堆核电站先进水平。

四是秦山三期研发了利用重水堆核电站大批量生产钴–60同位素的生产技术。在国外不予合作的情况下，完全依靠国内技术力量，克服技术难度大、开发周期长等困难，最终将取得的成果成功应用于秦山三期两台重水堆机组上，而且不影响重水堆安全可靠运行。年产钴–60同位素600万居里，按照当前钴–60产品的市场价格测算，钴–60成品源直接销售年产值可达1.2亿元，满足了当前国内80%的市场需求，打破了国外垄断，填补了国内空白，拥有完全的自主知识产权，达到了国际先进水平。这对推动国内核技术应用产业的发展具有重要意义，具有显著的经济效益和社会效益，是近年来我国在核技术应用领域所取得的一项重要成果。

（吴兆远　原秦山核电公司副总经理，
原秦山第三核电有限公司副总经理）

秦山核电是我国核电发展的“底气”

⊙钱剑秋

秦山三期是全部引进建设的核电站，其最大特点是我们不全买外方的账。合同谈判中，我们的对手美国、加拿大、日本，都是发达国家。有人说我：“老钱，你少来吧，人家都害怕你。”我就说：“我是主人，我干吗少来？该怎么讲就怎么讲，讲道理嘛。”建设过程中，我们要审查设计，对于审查出来的问题，就要改，不改不行，因为我们是业主，就要行使业主的权利。我们迫使他们改了 26 项大一些的项目。在此之前，我们作为业主买人家的东西时，不敢说人家的不是，但是秦山三期敢这样做，这是秦山特色。当时我们让外国供应商两周汇报一次，他们心里其实紧张得很，要花时间和精力准备的。

（钱剑秋　原秦山核电有限公司副厂长兼总工程师，
原秦山第三核电有限公司总工程师）

秦山核电的每次检修，从每一条管线到相应设备安装，都经过仔细梳理、科学调度、全面协调，使检修质量达到优质，保证了核电机组安稳运行。

99% 的功劳要归功于中国人

⊙陈国才

2002 年 12 月 31 日 17 时 16 分，当宣布秦山三期 1 号机组正式投入商业运行时，主控室内热烈的掌声经久不息，我也激动得热泪盈眶。整整提前 43 天！总建设工期才 54.5 个月，中国人创造了一个奇迹。激动之余，我于当夜写下感怀诗句：

火树银花不夜天，壬午岁末夜难眠。
核电儿女齐踊跃，商运捷报献羊年。
三核建设多艰辛，攻克难关把命拼。
商运一刻忆昔景，男儿也把泪湿襟。

这是一段难忘的岁月，也是秦山核电儿女奋勇拼搏为国争光的故事。“成功 99% 的功劳要归于中国人！”“秦山三期是中加合作最好、工期最短、质量最高的重水堆项目。”这是加拿大专家们的一致评价。

回想2000年7月，中加（中国－加拿大）联合调试队成立之初，面对中方清一色的97、98年毕业的大学生作为主力军加入调试队，加方总经理意见很大，责怪中方没有按合同要求配备有经验的人员，由此带来的风险和责任要完全由中方承担。

按照合同约定，加方派遣45名技术人员担任主任、主管，中方需配备1000名有经验的人员执行调试和运行维修任务。但由于国内核电机组少，秦山一期除了向重水堆建设项目提供人力支援外，还需要向秦山二期、田湾核电项目提供支援。在调试队中方人员的组成中，只有不到20名的技术人员具有核电调试生产方面的工作经验，40%是从外单位聘用的技术人员，25%为97、98年毕业的大学生，还有14%则是2000年毕业的学生。

作为调试队中方总经理，顾军顶住种种压力，一方面，安排大学生到重水堆参考电站、国内核电或火电厂接受培训；另一方面，多渠道联系火电单位，借聘有经验的技术人员。还从巴基斯塔卡拉奇核电站借聘了6名有重水堆调试和运行经验的技术人员。

秦山三期调试采用了国际上通用的系统工程师管理

模式。这个模式改变了秦山核电以往的管理方式，很多老同志不习惯，初期矛盾比较多，经过一年的实践和磨合，逐渐被大家所接受，也取得了很好的成效。这个模式最大的优点是创建了细致的调试程序，能及时准确地反馈调试结果和报告；调试技术与调试执行相互协助、相互监督。这些都为电站的安全生产和运行奠定了良好的基础。

工程师在调试期间的工作分六个阶段：建造移交前的工作、建造向调试的移交、运行前的检查和试验、首次设备启动、综合性能试验、调试向运行移交。每名系统工程师根据自身的经验和能力负责一个或几个系统的调试工作；对于那些复杂且重要的系统，则安排两名工程师同时负责。在此过程中，从文件资料的收集到调试（运行）程序的编写发布，从建造移交前的检查到移交后的调试准备以及向运行的移交，还有调试结束后报告的汇总等，都由系统工程师来组织、协调和管理。同时，考虑到工作的连续性有利于锻炼队伍，随着工作的进展，部分调试人员将逐步地转为运行期间的系统工程师和设备工程师，这样有利于电站安全、连续、经济地运行。

在加方的指导下，调试队建立起完善的调试文件体系，实现了完整意义上的程序化管理，这也是系统工程师管理制度的基础。调试管理程序分为四个等级：国家法规、标准及有关核安全导则，公司运行质保大纲手册及最终安全分析报告，公司级管理性程序和运行方针政策，工作执行程序。工作程序主要包括以下几个方面：调试规格书与目标，系统移交范围定义，反映系统调试计划和二、三、四级调试程序，以及系统运行手册等。程序层层铺开，逐级深入，但又环环相扣，充分体现了程序化管理的规范性和严密性。1 号机组调试程序近 3000 份，发出工作申请单 3 万多条，产生的调试及工作记录 3 万余份。细致的文件、记录为核安全监督检查提供了快捷、便利的条件，更为调试质量提供了保证。

大量的工作、最短的时间、高效的成果，是一群“没有经验”的年轻人创造的。作为亲历者，我为整个团队自豪，我为自己有幸成为其中一员感到骄傲！

调试实体工作从 2001 年 4 月 17 日 1 号机组 220kV 起备变受电（俗称“倒送电”）开始，进入一个夜以继日、激情奋战的场景。3000 多项单体试验，由调试技术人员准备操作程序，由调试执行人员按程序执行，由技术人员监督、整理试验报告……，每个人身上都充满不知疲倦的干劲和忘我奉献的激情。这群年轻的调试人员，正是用自己的心血和汗水，放弃休息时间，把本要拖期半年的工程，提前43天完成，创造了一个奇迹！

从2002年2月9日主系统水压试验完成开始，调试进入综合试验阶段，现场更是一刻也没有停歇。进度计划虽然是按8小时编制，执行时却主动地进入24小时连续作业。所有系统工程师都提前进入备战状态，随时响应现场调试指令。大家没有喊累，没有诉苦。没有哪位调试人员不在现场连夜干过，没有哪位调试人员不放弃过正常的休假。高昂的士气、奋斗的激情，也深深地感动了加方的专家，他们从开始的不情愿加班，到主动和中方人员一起夜以继日地奋战。此等画面，壮哉、美哉！

正是凭着一股子不服输和为国争光的信念，借助于科学的计划管理体制、合理组织以及大家的无私奉献，调试试验进展势如破竹。

2002年4月28日，冷态试验结束；7月4日，热态试验结束；7月18日，首次核燃料装载；9月21日，达到临界；11月19日，首次并网发电；12月31日17时16分，正式投入商业运行。从主系统水压试验到投入商业运行，历时 10 个月零 22 天。相比较常规 14 个月的调试工期来说，这创造了新的纪录。

每每回首这段经历，我都心潮澎湃。这个项目本是“交钥匙”工程，但中方积极利用已有的工程建设和核电运营管理经验，提出 40 多项设计变更、96 项设计改进。一群三四十岁的年轻人，从备受“没有经验的指责”，最终创造了 1 号机组提前 43 天、2 号机组提前 112 天建成投产的纪录，建立了丰功伟绩。这个项目为工程总体节省投资 25 亿元，更培养了一大批工程建设和核电生产管理与技术人才。

忆往昔峥嵘岁月，秦山三核多娇。有幸成为其中的一员，以当年的一首诗再次表达我对当年一起共事的同事们的尊敬之心和友爱之情：

有这样一群人
他们的生活并不轰轰烈烈
但我却能追溯到
他们一件件平凡而又光辉的业绩

他们
没有豪言壮语

却时刻冲锋在困难的最前方
没有铁打的身子
却总是不遗余力地奉献着

他们
忘却了季节的变换
却忘不了肩上的重担
岁月的车轮
刻下了他们永不褪色的足印

啊
可爱可敬的人
秦山有你们而放光彩
核电因你们而矗丰碑
你们
点燃着
永不熄灭的三核之光

（陈国才　中核国电漳州能源有限公司党委书记、董事长）

秦山核电为出口核电项目提供了人才保障

⊙吴炳泉

1991 年 12 月 31 日，中国与巴基斯坦在北京签订了核电站合作协议，中国帮助巴基斯坦建设 30 万千瓦的恰希玛核电站。恰希玛核电站是秦山核电站的“翻版”，因此，秦山核电公司承担了恰希玛核电站的人才培训、工程调试、试运行和检修任务。

按照中巴双方主合同的相关要求，秦山核电公司于 1993 年 1 月 11 日至 13 日接受了中国中原对外工程公司（巴基斯坦恰希玛核电工程总包方）关于《P300 工程调试与培训项目承包能力》的综合评审工作后，于 2 月 9 日与中原公司正式签订了《P300 工程调试与培训承包合同》，秦山核电公司承担了 300MWe 压水堆恰希玛核电厂巴方运行和维修人员在中国的培训任务。

根据合同的具体要求，秦山核电公司承担了巴基斯坦恰希玛核电厂骨干人员（包括厂长、副厂长、总工程师、各部门负责人、管理工程师、主控室反应堆操纵员及运行工长和检修工长）的培训工作。

当时，秦山核电公司一方面承担着保证秦山一期30万千瓦核电机组安全运行的重任，另一方面还在筹建重水堆核电工程（即秦山三期工程）。在人员紧缺的情况下，又承担恰希玛核电厂的调试工作和巴方运行、维修人员在中国的培训任务，无疑是一项艰巨的任务。

核电站调试和运行工作是一项技术难度大、综合性学科的系统工程。核电站调试是将安装好的核电站系统和部件运转，这期间先后需完成各系统功能试验、电站整体功能试验、首次并网发电试验、提升功率试验等250多个项目的调试工作，以验证核电站性能是否符合设计要求和有关准则。这项工作对设计水平、设备质量、工程建设是一次全面的鉴定和考验。核电站运行是指核电站在运行限值和条件范围内的运行，包括停堆状态、功率运行、停堆过程、启动、维修、试验和换料等工作。

为了使巴基斯坦恰希玛核电厂的骨干人员能熟悉、

掌握、运行和管理核电厂，保证各类人员各负其责、胜任工作，秦山核电公司必须按照《核电厂运行安全规定》和《核电厂人员配备、运行人员的招聘培训和授权》安全导则的规定，对各类人员进行必要的培训，使他们取得相应的资格后，还必须规定他们的职责，授予每一名运行人员足够的权力，保证他们能有效地履行其职责，从而保证核电站安全、可靠、稳定地运行。

鉴于上述要求和秦山核电公司在核电厂人员（特别是反应堆操纵员和反应堆高级操纵员）培训工作的实践和经验，公司对恰希玛核电厂巴方运行、维修人员在中国的培训工作高度重视。在《P300 工程调试与培训承包合同》签订后，公司对巴方运行、维修人员的各项培训工作做到了组织落实、培训教员（与培训任务）落实、培训计划落实和经费落实。

1993 年，秦山核电公司成立了巴基斯坦项目经理部，下设经理部办公室、培训经理部、调试经理部和质保经理部。由于公司领导的重视，在公司各部门的大力支持与配合下，经培训经理部精心策划，组织大量的生产骨干组成以蒋国元、方通球、余修敏等为骨干的巴项培训教员队伍，他们既有一定理论基础，又有丰富实践经验。

自1993年开始，他们利用工作和业余时间进行培训大纲、秦山核电站工艺系统培训教材讲义、模拟机培训讲义的编写工作；培训经理部还制定了各课程的培训计划，组织沈国璋等一批既有专业知识，又有英语翻译能力的技术人员配合巴项培训教员作口语翻译。

1994年4月17日至1997年2月底，前后共两年10个月的时间，秦山核电公司对巴方学员两批共110人（其中操纵员49人、管理工程师42人、工长19人），按培训计划完成秦山核电厂的工艺系统理论培训、核电站岗位培训、反应堆操纵员全范围模拟机培训工作。质保经理部安排竺承祥负责编写培训教材和培训计划，在上海核工程研究设计院为巴方高级管理人员讲课，介绍国际原子能机构（IAEA）以及中国核安全法规和核安全导则，结合秦山核电站开展质量保证工作的实际情况，介绍核电站在调试和运行期间如何制定质量保证大纲和大纲程序，并在秦山核电厂现场陪同他们参观、见习、探讨质量保证检查和监督工作实施的具体内容与经验。

巴方学员分为两批来中国学习、培训。第一批有91名，其中83名赴秦山培训，分为三个班，分别培训反应堆操纵员、核电站技术管理和检修管理等高级管理人员、运行工长和维修工长。第二批有30名学员，分别进行反应堆操纵员，技术、安全管理人员和检修工程师培训。

在整个巴项培训工作中，编写各类培训教材共10册，约70万字；对巴方人员进行工艺系统理论培训（包括设计资料和差异学习）约610个人月；进行原理模拟机培训和岗位实习约921个人月；开展秦山300MWe核电机组全范围模拟机培训约106个人月。

1997年2月，在秦山核电公司实际完成巴项培训人员工作约1637个人月，加上委托北京核工业研究生部实施的364个人月的基础理论培训，共计完成巴项培训约2001个人月，圆满完成了对巴方学员在中国的培训任务。

卡拉奇核电站（K2、K3机组）运行和维护人员培训项目，从2017年12月25日开始，174名巴方人员分五个批次来秦山参加培训，拉开了巴基斯坦核电与秦山核电合作的新篇章。学习内容不仅包括秦山丰富的运行维修和管理经验，更针对性地开发了“华龙一号”堆型的系列差异化培训。2020年1月17日，培训圆满结束。秦山核电为此建立了完整的培训管理体系，搭建了高效的组织机构，编制了中英文岗位培训大纲与培训教材，组建中英文双语教员队伍。培训期间，各职能处室以及学员、教员、其他支持人员之间都建立了通畅的沟通渠道。卡拉奇核电 K2、K3 机组运维人员培训项目是中巴双方友谊的桥梁，为巴方成功引进我国三代核电机组提供了各方面的人才保障。这些接受过秦山文化熏陶的优秀巴方学员，未来必将成为卡拉奇核电甚至巴基斯坦核能行业的骨干力量，也将成为跨越喀喇昆仑山的桥梁，进一步增进中巴友谊。

（吴炳泉　中核核电运行管理有限公司副总经理）

在东西方文化的冲突中融合发展

⊙姚照红

1998 年 7 月，我从浙江大学热能工程专业毕业，被分配至秦山第三核电有限公司工作。我的工作经历比较简单，一直在从事运行工作，历任秦山三期操纵员、值长、运行处副处长、处长等。由于重水堆是从加拿大引进的机组，我从参加工作时对核电的一无所知到接受培训、参加调试，从事现场值班到担任运行管理职务，这个过程中一直在接触西方的技术和管理理念。当时秦山三期项目的队伍比较年轻，正是这个原因，我们能够更开放地接受西方的做法和管理文化，并将它们跟东方的文化在冲突中融合和提炼，形成有秦山自己特点的管理方式和体系。

西方人更多强调人的安全。他们认为核电厂的第一

目标是核安全，要确保电厂的员工和周边公众免受辐射的危害；当员工的安全和健康受到威胁的时候，停止工作，这不仅仅是员工的权利，而且也是员工的义务；发展的目的是更好的生活质量和对生命的充分尊重。在东西方价值观冲突融合的过程中，秦山人既充分继承和发扬了艰苦奋斗的精神，保持了高度的责任心，又逐步形成了秦山核电特有的安全文化理念，将安全作为我们事业的生命线和员工的幸福线。

国外同行做事的规范程度让我印象深刻。东方文化崇尚的是宏观和领悟，所以涌现了很多的劳动模范和技术能手。西方的管理特点就是规范和精细，因此产生了许多系统的管理体系和制度。我们在国外参加培训的时候，无论是办事流程还是执行现场的操作，均有流程或者执行程序，所有的事项都依据程序逐条打钩核实确认，即使这些任务天天都在重复执行。刚开始的时候，我们非常不习惯，认为这样非常呆板且效率低下。到了今天，秦山人已经习惯了“事事有程序、人人守程序”。我们既认识到个人能力的重要性，也承认个人的局限性。无数的案例也证明，失误往往都发生在“高手”身上，因此建立起系统规范的管理体系和行为规范是作为现代企

秦山核电三期核电站利用重水堆大批量生产钴 -60 放射性同位素，年产量达到 600 万居里。

业的核电运行单位的必然选择。

东方人含蓄内敛，西方人简单直接。在国外电厂培训和实习期间，教员对我们所表现出的行为观察入微，对于符合他期望的不吝赞扬和鼓励，对于做得不到位的则会直接指出来，有的时候这让我们感到难堪。一开始我们很难适应，时间长了，才慢慢习惯，也逐渐体会到在这样的环境中，自己的行为正在慢慢发生变化。后来我们才知道，这种方式在西方的管理中叫作“观察和指导”。在今天的秦山，“观察和指导”已经成为管理制度，在各级管理人员和员工的日常工作中形成了自觉的习惯，大家对于被观察和被指出的不足已经能够坦然面对。这是一种开放的态度，是自信的体现。

今天的秦山核电站，已经成为世界上最大的核电基地之一，已经和国际原子能机构、世界核电运营者协会等国际机构以及世界上其他的核电同行建立起开放而全面的沟通和合作关系。东西方的管理思想在这里激荡和融合。秦山人在继承和发扬中国核工业人的艰苦奋斗精神的同时，也以坦诚开放的心态面对世界，兼收并蓄，以更加自信的姿态创造着一个个新的纪录。

（姚照红　中核核电运行管理有限公司秦山三厂厂长）

第四章

自主设计扩建百万千瓦级商用压水堆核电站

2007 年 10 月，国务院批准国家发改委上报的《国家核电发展专题规划（2005—2020 年）》。按照国务院批准的规划，秦山二期扩建的两台 65 万千瓦核电机组和秦山一期扩建的两台 108 万千瓦核电机组先后开工。2010 年 10 月和 2011 年 12 月，秦山二期扩建的 3、4 号机组先后投入商业运行。2014 年 12 月和 2015 年 2 月，秦山一期扩建的方家山工程 1、2 号机组先后投入商业运行。如今，秦山核电站 9 台机组已经全部发电，总装机容量达到 660.4 万千瓦，年发电量达 500 亿千瓦时，成为中国目前核电机组最多、堆型最丰富、装机容量最大的核电基地。截至 2019 年 12 月，秦山核电站累计安全发电超 5880 亿千瓦时。

秦山人勇担国任，铸就辉煌

⊙刘传德

秦山核电站的建设管理汇聚了方方面面的力量，承载了全国人民的希望。这些建设管理人员有一开始工作就在秦山的，也有半路“增援”的，我就属于后者。1998 年 8 月，已到知天命之年的我经组织安排，担任秦山核电公司党委书记兼副总经理，我形容自己当时就是个“插班生”。虽然是个“插班生”，但是我对秦山核电的认知和投入的精力及感情却是实实在在的。

秦山核电站建成发电至今，取得了巨大的成绩和良好的声誉。这些并不是凭空而来的，这是秦山人勇担责任的具体体现。尤其是秦山 30 万千瓦核电机组，它的灵魂在于责任。就像核工业第一次创业一样，虽然条件艰苦，各方面的困难和非议很多，甚至推倒重来的危机也发生过，但是秦山人坚定不移，勇往直前，勇担国任。

说到责任感，我可以骄傲地说，在秦山核电创业的30年时间里，秦山人一直具有强烈的责任意识和使命意识，这是一种自觉的行为。就拿秦山核电站建设过程来说，当时起步比较难，技术问题比较多，国内的加工能力也有限，所以建设过程中出问题是可以理解的。但问题一个一个都解决了，最后顺利建成发电。在国际上我们也算站得住脚了。没有这样一个责任感，建成核电站谈何容易？中间要是稍微打个退堂鼓，那1991年12月15日就不能正式并网发电，更不用提这个机组并网发电之后，中国的核电很快地走出国门，进入国际市场了。

在30年的光阴里，秦山核电的员工们以高度的责任心和使命感铸就了成就与荣誉。这些都是非常宝贵的精神财富。这些精神财富也体现在秦山核电扩建项目方家山工程的建设运营上。

回想起来，方家山扩建项目之所以能上，从文化层面上讲，也是缘于责任感。当时有人说，守住一个30万千瓦就有吃有喝了，你着什么急？但是对秦山人来说不着急不行啊。不着急，这个队伍就不好带了。秦山一期这个企业的发展就解决不了，所以必须往前走。责任感，在方家山项目的争取、建设和建成上，也体现得十分明显。在工程建设时期和机组调试中，凭借着秦山核电积淀30年的勇气和底气，用责任实现了扩建的方家山核电工程1、2号机组的并网发电。因此，责任感是秦山核电员工和干部创业、发展的力量源泉；责任感，是秦山核电企业文化的一个魂。

（刘传德　原秦山核电公司党委书记，
原秦山第三核电有限公司董事长）

2002年9月，秦山核电三期重水堆1号机组首次临界，秦山人怀着强烈的责任感，凭借建设核电的底气，取得了巨大成绩和良好声誉。

秦山梦就是争创中国核电运营管理第一品牌

⊙何小剑

1982年，我从上海交通大学毕业，被分配到核工业八二一厂工作。1987年被调到秦山核电厂，成为中国大陆首批操纵员。我认为，秦山核电站从1991年并网发电到现在，取得了良好的运行业绩。这主要是两方面的原因：一是不断地提升管理水平，二是持续地进行技术改造。

先说管理改进。这个30万千瓦级核电站完全是自主化的，包括运行管理，完全是靠我们自己摸索。它不像其他引进的核电站，把一套完整的体系都引进来。在我们之前，中国大陆没有核电站，不知道核电站怎么管理。所以我们的管理也是一步一步跟国际接轨的。一些比较先进的管理技术、管理手段、管理理念，也是从无到有一步步地发展起来的。

1997 年 1 月，秦山核电站接受了国际原子能机构的运行核电站安全评审。那次，国外很多的先进核电站派专家过来，对秦山一期全方位地评估了两周，指出了很多管理上的不足。所谓不足，就是跟国际同行相比，我们还有非常大的差距。那次应该说是对我们管理上的一次震动。从那以后，我们就把视野瞄准了国际水平最高的同行。我们到外面交流、学习、培训，回来后制订一整套长期整改的计划，从方方面面不断改进、提高运行机组的管理水平。

此外，在提高设备安全可靠性方面，前面一个阶段是被动的，出了什么问题，我们就针对什么问题来维修，维修不了的再做改造。第二个阶段就完全不一样了，是提前策划、主动改造。有一次我们在停堆换料的时候，发现结构损坏了，就停了十几个月进行整治，电站损失很大。事情发生后，我们核电站对整个设备的系统状况进行了反思，请设计人员配合，对整个核电站的系统作了全面评估、诊断并预测。我们制订了中长期的改造计划，接着就一步步地按照改造计划做了很多技术改造，

不断提高系统设备的可靠性。

技术改造方面，我当总经理期间完成的最大的两个项目，一个是顶盖的整体更换，还有一个是反应堆数字化保护系统。这两个项目的完成，对后来设备的稳定运行，发挥了很大作用。

通过这个改造过程，我们培养了一批人，这批人在整个过程中对管理的先进理念、先进手段、先进方法积累了丰富的经验。他们中一部分人留在了秦山，还有很多人走出秦山到其他电站或公司从事重要的管理工作。另外，通过这个过程，我们积累了技术上的经验，接触了新的技术。比如数字化控制技术，我们反应堆保护系统采用了数字化的平台，现在方家山、福清、海南等新建项目都采用了数字化系统。这一系统的改造，培养了一批懂数字化系统的技术人才，这对后续核电设计也是一个积累。这些技术也能用到新的电站上，从这个方面来说，意义是非常大的。

2009 年之后，秦山核电提出一个目标：打造中国核电运营管理第一品牌。我们按照运营管理的集约化和专业化的思路，逐渐把它变成现实。当时我设想：方家山项目建成后，把秦山核电公司打造成专业化培训管理公司，在自己的三台机组运行好的前提下，去承担其他电站的运行管理，成为一个专业化的运行管理公司。这种思路在国际上是有先例的，美国就有这样的专业化运行管理公司。它既有自己的核电机组，也去别的公司承包运行。为什么别人放心让你运行？因为你运行得很好，业绩很好，人家才会把机组交给你运行。那时候提出这

2008 年 12 月 26 日，在国家的决策部署下，方家山两座百万千瓦级核电机组开始建设。

样的设想，是为一期长远考虑。后来，整个中核集团公司调整改革，提出了专业化的发展思路，在秦山核电站又提出了资源整合，把资源整合在一起，成立一个运行公司并让我来筹备秦山运行公司，这恰好和我在一期想干的事情不谋而合。我没有犹豫，就同意了组建运行公司。那时组建运行公司怀着这样一个目标，就是要把运行公司打造成国际一流的运行管理公司，运行中核集团公司所有的核电站。第一步是运行秦山核电站的 9 台机组，应该说目前第一步的目标已经实现了。

秦山未来要做的事情还很多。首先，秦山核电站是一座拥有 9 台机组的核电站，把它运行好，运行到世界一流水平，这是要做的第一件事情。第二件事情，要为中国核电其他电厂提供支持，这个支持有管理的，有技术的，还有人力资源的，秦山相当于一个人才培养基地，要输出有经验的管理人才。第三件事情就是秦山核电要成为中国核电管理的标准。我们准备在秦山建立起这些标准，这些标准是可以复制的。除此之外，秦山还有很多事情可以做，比如技术上的研发，其中很多在国内属首次，比如延寿。这些在国内是没有经验的，无论是管理还是技术积累，包括监管评审，此前都是空白的。

现在都谈梦想，我的“秦山梦”可以简单地归纳为争创“第一”，世界第一。这个“第一”有几方面内涵。首先，技术已经是第一了。我说的第一是在整个全球核电界，秦山已经是有名的核电基地。它的机组最多、堆型最多，这些都是世界第一。第二，秦山核电的运行业绩，争取做到第一。第三，秦山这个地区，源源不断地向其他地方输送人才。这些人才到全国各地其他核电站工作，以后也可能到国际上其他核电站工作，包括一些机构、组织。从秦山走出去的人才越多，秦山的影响力就越大，秦山的知名度就会越来越高。第四，以后在秦山核电基地，除了9台机组，还可以打造不同的中心，比方说信息中心、采购中心或者备件中心，甚至还有技术中心、培训中心，等等。如果这些中心都放在秦山，那秦山将成为全球首例。可以设想，今后秦山将承担中国核电的国际化，国际交往越来越多，每天国际同行在这里交流、访问、参观，甚至培训。在我心里，那是一幅非常诱人的蓝图，是我想到的秦山未来。

（何小剑　中国核能电力股份有限公司原副总经理）

继续拼搏奋进，创造更美好的明天

⊙张　涛

从1985年3月30万千瓦机组开工建设至今，秦山核电站已走过30多年历程。30多年来，秦山从1台压水堆机组发展到4种堆型、9台机组，从装机容量30万千瓦增长到660.4万千瓦、年发电量约500亿千瓦时，成为我国核电机组数量最多、堆型最丰富、装机容量最大的核电基地，创造了一个又一个安全运行业绩纪录。截至2019年12月，秦山已累计发电超5880亿千瓦时。

秦山核电站开工建设30多年来，培养了一支实力雄厚、经验丰富、能驾驭多堆型运行和管理的专业领域人才队伍和管理队伍，形成了一套成熟完整的安全生产运行管理体系和支持保障体系。如何充分发挥秦山老基地的作用，助推中核集团公司和中国核电规模化、标准化和国际化发展，完成集团公司“未来三十年，再造一个新秦山”的期望和要求，成为我们秦山人必须面对的课题。

经过集思广益，2014 年，运行公司确定了“一体两翼”的发展战略。具体是指，以公司发展和创造秦山核电 9 台机组一流运行业绩为主体，苦练内功，打造核心竞争力；以支持中国核电规模化、标准化和国际化发展为一翼，建设中国核电运行管理、技术支持和专业培训的大本营；以参与市场化竞争为另一翼，面向市场，增强公司对外服务与经营管理能力。

按此战略，我们编制了“十三五”规划，将“一体两翼”战略进一步细化和落地，明确了未来发展方向、发展目标和实现步骤；我们梳理了 9 台机组与世界一流核电机组相比存在的差距，针对性地开展缺陷处理、设备管理、能力培养及管理提升；我们对核心竞争能力进行了梳理，开发了以调试、专项维修、大修、信息化、专业培训、生产准备、技术改造、重水堆支持等为代表的对外服务八大产品；我们组织开展“四大专项”工作，组建业务标准化工作组，明确程序责任人，按照标准化的要求对

核电管理流程进行梳理……各项工作紧锣密鼓地开展，数项重点工作同步推进。就像秦山核电工程建设一样，秦山人又一次发挥着想尽一切办法努力去完成目标的拼搏奋进精神。

（张涛 华能集团公司副总工程师、核电公司党委书记、执行董事）

秦山核电方家山工程建设在进行严格的质量监督。

秦山核电一直在不断创新和追求

⊙吴　岗

1986年，我第一次到秦山来，在海盐工商银行的二层小楼上和秦山一期的操纵员一起上核电理论培训课。那是我第一次接触与核电方面有关的课程，也是从那时开始与秦山结缘的。

1993年，秦山一期30万千瓦机组出现故障的时候，按照中国核工业总公司的安排，我带了一支队伍对秦山核电的蒸汽发生器进行检查，这也是国内第一次用我们自己的技术和自己的队伍，对蒸汽发生器这样重要的核电大型设备进行在役检查。在此之前，我们都是用美国引进的整套核电检查装备和检查技术。当时我20多岁，是武汉105所刚刚提任的科技处副处长，作为这个项目

的负责人，带领着十几个人的团队。没到现场前，我们在模拟体上做了很多的演练和操作，准备了相当长的时间。虽然在现场我们只工作了十几天，但在之前做的准备工作却用了两个多月的时间。检查的结果还是不错的。检查的同时，我们还对秦山的蒸汽发生器进行了二次侧泥渣的冲洗，消除了很多隐患。单台的有将近 40 千克的泥渣，干重在 10 千克左右。这是我跟秦山核电最早的一次实质性接触。

当时 105 所一直给我们国家的核电站做技术后援和技术服务，后来涉及的内容越来越多。秦山一期的功率到了 90% 以后，出现了蒸汽发生器湿度超标的问题。为了解决这个问题，我们所里的一位副总工程师带着我一起，到赵宏副部长的办公室去讨论研究。我们花了一年多的时间，把蒸汽发生器湿度超标的原因找了出来，还提出了现场施工的设计修改方案。最后配合 728 设计院一起在现场施工，实现了秦山一期的功率从 30 万千瓦到最后的 33 万千瓦的提升。

后来，105 所在秦山做的工作越来越多。现在秦山一、二、三期所有的全范围模拟机的后续工作，全部都是 105 所在承担。两者之间的相互关系还是非常紧密的，而且越来越紧密。

2013 年 6 月，我被正式调到秦山核电工作，从 105 所的一名技术人员成为秦山核电其中的一员。我总的感觉是，秦山人在我国的核电领域始终走在前面，秦山核电一直在不断创新和追求。这种拼搏的精神，令我非常敬佩。

秦山核电在发展过程中遇到过很多问题，包括像堆内构件、驱动机构、蒸汽发生器的湿度超标和设备故障等问题。这些问题不一定是我们业主自己造成的，更多的是由设计或者设备制造过程带来的。要消除这些问题，需要扎实的实践功底和理论基础，以及不断跟实践结合的技术能力。秦山人不断地用自己的智慧、敬业精神迎难而上，解决了生产、机组和设备的许多问题。

我到秦山工作以后，正好遇上方家山两台机组的调试和运行。因为方家山是秦山第一次实行总承包模式，工作上难免出现了一些新的管理衔接问题。在解决这些问题的过程中，秦山人特别拼。我们调试的进度，始终都比原来正常的进度快得多。虽然因为别的设备方面的延期给工程进展带来了很大的困难，但是秦山人利用各种机会，自己组织力量，把能做的事情都做到最好。

1 号机组在调试过程中出现的问题，2 号机组都能够得到及时解决。最后以相差两个多月的时间，方家山两台机组相继投入商业运行。而且在第一个燃料循环周期内，没有非计划停堆。秦山人的秦山精神时时处处都有体现，在未来的发展中，秦山人更要把这种拼搏的精神坚持下去。

（吴岗　中核武汉核电运行技术股份有限公司党委书记、董事长）

◀ 拥有百万千瓦级机组的方家山核电站的雄姿。

秦山核电人
有一股事事争第一的精神

⊙徐鹏飞

1986年，我从复旦大学毕业后被分配到秦山核电厂工作。我当时处于一种“跟班”的状态，对核工业精神的理解不够充分。但是在工作中，我渐渐感觉到，核工业人确实有一种艰苦奋斗的精神。核工业人最能吃苦。我最终留下来，就是受到了这种精神的感染。特别是到核工业八二一厂参观回来之后，我的感触更深了，从心底里希望为核工业、为国家做点有意义的事情。秦山人一直有着一股劲，那就是事事争第一。这种精神在各个方面都有体现，从来没有变过。面临各种重大且艰巨的任务时，永远是干部冲在最前面，带领大家憋着一股劲，没日没夜地干。这种精神潜移默化地影响了一批又一批、一代又一代的秦山人。

中国核电从秦山起步。因此，秦山精神对每一个核电人的影响都特别大。例如，方家山核电工程调试的时候，每人发了一张行军床，累了就在值班室休息一会儿再继续工作。秦山人干活都有瘾。特别是方家山工程中，秦山人从来没有把工程项目当成是业主承包出去的项目，而是一直当作业主自己的项目，一切以项目为重。

在试验调试方面，秦山核电有着得天独厚的条件，有一批经验丰富的老操纵员可以三班倒地进行试验。秦山核电的确实力强大。整个秦山基地的维修队伍、专家队伍是很强大的，遇到任何小问题都可以马上解决。秦山人对于项目的敬业精神是值得敬佩的。大家白天黑夜不停歇地工作，实际上是把一天当作了两天来用，工期都是这样赶出来的。

我10年没离开方家山核电工程，从开始跑项目，到主体工程开工，角色也从业主公司转变到工程公司。方家山工程项目上一遇到问题，我就会毫不犹豫地赶到现场。项目完工之后，我就像女儿出嫁了一样，开心又失落。但是我也很欣慰，10年里亲眼见证这个项目从无到有、从小到大地发展起来，能拥有这样机会的人并不多，所以我是幸运的。

秦山核电在这么多年的发展中，走过一些弯路，经历过一些曲折，也收获了很大的成果，在技术、人才、管理、服务等方面都形成了自己独有的东西。秦山核电的发展促进了中国核电的发展，培养了一批人才，同时也保证了一些人才愿意留在秦山。秦山核电不仅自身得到了发展，也得到了当地民众的认可和支持，这让秦山拥有一种安静祥和的氛围。另外，秦山核电的品牌影响力吸引着大批的毕业生前来求职就业。

秦山核电站经过30年的发展，建成了9台机组，取得了巨大的成就，管理业绩和运行业绩都是非常好的，走在了核电行业的前列。未来，秦山核电站应该创造更好的运行业绩，在安全高效发电、机组大修等方面引领核电行业。同时，秦山核电的人才和技术，应该努力走出去，走出秦山，输出到全国，让这些资源活起来、流动起来，在“走出去”过程中，使人才和技术优势进一步体现出来。秦山核电未来肯定会形成更具影响力的品牌，形成强大的管理和服务能力。

（徐鹏飞　中国核电工程有限公司党委书记、董事长）

自主创新，勇于担当是秦山核电的精神支柱

⊙洪源平

1996年，我从上海交通大学毕业后被分配到核电秦山联营有限公司工作，全程参与了秦山二期1、2号机组，扩建的3、4号机组，一直到秦山一期扩建的方家山工程1、2号机组的建设。在工作实践中，我深刻地体会到，自主创新、勇于担当是秦山核电的精神支柱。

参与秦山核电基地生产建设的20多年来，我有四点切身的感受：

第一，秦山核电的30年是安全运行的30年。通过我们的努力，在30年间将秦山核电打造成一个安全性能可信赖的基地。安全是核电发展的基石。秦山核电站从一开始，在建设时期就遭遇种种不顺利，受到过国内

外同行的严重质疑，“杜拉事件”是这种质疑的最高点。但是秦山人坚定信心，不放弃，埋头苦干，吸取别人先进的经验，不断完善自我，超越自我。30 年间克服了无数的困难，30 年间没有发生一起国际核与放射事件分级表（INES）2 级以上核事件。目前，整个秦山核电基地，机组安全性能可控，机组稳定运行水平处于世界前列。

第二，秦山核电是中国核电自主技术的丰碑。秦山核电基地刚起步时，我国的核电技术基础薄弱，很多技术储备是从“无”开始起步的，因此不断艰苦创新的精神已经渗入秦山核电每一位职工的骨髓里。这种精神来自哪里呢？我觉得还是来自我们核工业老一辈精神的传承。我是核工业体系的新人，与来自核工业四〇四厂的老一辈核工业人员接触比较多，其中有些人和事留给我的印象特别深刻，比如秦山二期主管调试的俞忠德总工程师，他处理问题的思路、方法对我个人影响非常大，即碰到任何困难首先要自己想办法，碰到别人没做过的，他经常说的一句话是“我们为什么不能先做？别人做不到的，我们为什么不行？”这种工作理念或者说思路是非常宝贵的。

秦山二期是国内第一个自主设计、建造的大型商用核电站，怎么调试大家都没有经验，俞忠德带着我们从零开始进行了很多调试实践，不但保证了安全，还在进度上创造了一个又一个的新纪录。在调试方面，我们逐步形成核电机组调试的标杆。秦山二期从1、2号机组建设工期72个月，到3、4号机组建设工期53个半月，再到两台方家山机组间隔两个月先后投入商业运行的成功调试实践，一切都离不开30年来一直传承的敢为人先的创新精神。记得秦山二期3号机组调试期间，刚好有一个WANO评估，当国外专家了解到我们装料到商运一般控制在四个月左右时，他们很惊讶，因为他们一般要用9个月甚至12个月才能完成所有的调试启动工作。其实，这里面除我们中国人固有的勤劳拼搏之外，我们自主创新组织与技术管理也非常重要。比如，我们采取了调试－生产一体化的调试与试生产组织管理模式，大大缩减了关键工种之间的协调时间，更为重要的是提高了协调的有效性，更大程度上保证了安全与质量。又比如，我们挖掘了压水堆机组的技术特点，优化装料后一系列的调试试验技术方案，在保证安全与质量的前提下，秦山核电在原有的技术水平上又有了突破性的发展，机组从装料到商运已经从秦山二期扩建机组的四个月，进一步缩短到最近方家山工程 2 号机组的两个月左右。这些工程建设技术的不断推进，正是继承发扬老一辈秦山人勇于创新精神的结果。

第三，秦山核电 30 年的建设是一大批技术人员传承自主精神，发展中国核电敢为人先、一路担当的 30 年。自主创新、勇于担当是秦山核电 30 年历程的精髓。秦山核电的领导同志在遇到问题最多、难度最大的时候，总是站在第一线，不等不靠，不怨天尤人，而是鼓励员工拓展思路，寻找合适的解决方案。无论谁有新的思路、想法，都可以拿出来让大家讨论，只要有利于安全、质量、进度，他们就全力支持，将其实现。这发挥了整支队伍的积极性，同时也带动了与我们协作的设计、建安等队伍的积极性，让整个建筑安装的现场形成了一个虚实精密结合的指挥中枢，这其实就是业主的担当精神成了整个建设现场的精神支柱。秦山核电的这种代代相传的担当精神，在机组的正常运行期间以及后续新机组的建设期间继续起到统领全局的作用。

方家山工程项目有甲方（业主）、乙方（工程公司）和丙方（运行公司作为总承包商的调试分包商承担调试启动工作），合同商务关系非常复杂。但是在具体的工作中，秦山人一直强调，工程的安全、质量、进度是真正的甲方，所有参与成员都是乙方，涉及工程管理或者技术问题的时候，谁提出的思路和方法有利于安全、质量与进度，谁就是甲方。方家山工程建设尽管遇到了许多困难，但是秦山核电员工与各级承包商通力合作，把各项工作做到了最好。

第四，秦山核电 30 年的发展为我国核工业体系的发展壮大提供了一个很好的支撑，特别是在核动力系统的设计、大型设备的制造方面。位于成都的中国核动力研究设计院目前是我国实力最强的核动力装置研究设计单位，他们的专家经常说秦山二期 4 台机组的建设支撑起了他们核反应堆系统的设计能力；还有核工业第二研究设计院，他们曾经有段时间没有主业任务，只能去设计啤酒厂，就是因为有了秦山二期的工程建设，使他们的核工程总体设计能力得到继承与发展，发展到今天成为强大的核工程方面的总承包商；还有设计常规岛系统的华东电力设计院，以往只是设计火电厂，他们也是从秦山一期 30 万千瓦机组开始，经过多年的发展，逐步形成了核电厂特有的常规岛系统设计能力。因此，秦山核电站 30 年的发展应该说为我国建立起一整套核动力

装置的设计能力提供了很好的支撑。这种技术能力的形成是非常宝贵的，是我国核心竞争实力的重要组成部分。当前我们已经能够设计第三代核电站——“华龙一号”，“华龙一号”技术不是凭空出现的，而是在这些基础上产生的。

另外，秦山核电站发展的30年为我国重工业体系的能力建设做出了重要贡献。上海电气集团股份有限公司承担了我们秦山二期压力容器的制造，中国一重集团有限公司承担了大锻件的制造和主泵泵壳的制造，沈鼓集团承担了一些重要核级转动设备的制造。我国这些重要的重工业厂家通过参与秦山核电基地各台机组的建设，熟悉了核工业的质量体系和技术体系，掌握了核心的技术能力，为我国向国外出口成套的核动力装置打下了扎实的物质基础。

（洪源平　霞浦核电有限公司总经理）

秦山核电带动了核电行业的跨越发展

⊙尚宪和

1996 年 7 月，我从浙江大学热能专业毕业，被分配至核电秦山联营有限公司工作，先后参加了秦山二期工程、扩建工程和方家山核电工程建设。

今天我们谈秦山核电发展 30 年，如果离开中核集团第二次创业这个大环境就失去了意义。秦山核电这三十年是中核集团建设发展民族核电的 30 年，是吸取外部经验促进中国核电自主发展的 30 年。没有中国独立自主建设的完整的核工业体系，秦山核电不可能走自主化的道路。后来秦山三家核电公司逐步发展起来，中核集团因势利导，进行秦山地区核电专业化改革，成立了秦山核电集团筹备组与中核核电运行管理有限公司，

寻求大型核电基地的企业管理新思路。

从我从事的工作领域来说，秦山核电30多年来的主要成就首先是安全发电。据统计，截至2014年底，发电3327亿度，在这个过程中没有发生国际核与放射事件分级表1级以上的事件，“三废”排放严格遵守国家法规要求。其次就是运行业绩。我们从30万千瓦的机组起步，依靠自己的努力不断摸索，到后来建成60万千瓦的机组。不管是哪台机组，在刚刚建成的时候，运行业绩都不是那么好。我是秦山二期的首批值长，直到2004年的时候，1号机组才勉强首次连续满功率运行超过100天，这一业绩在当时是很振奋人心的。但是，今天已经发生了天翻地覆的变化，秦山二期4号机组连续3个循环没发生过紧急停堆，方家山核电工程调试时间创造了国内最短的纪录，而且建成以后运行良好。整个秦山核电的机组在WANO排名中基本都排在中上游。这些指标说明我们运行的业绩还是非常良好的。秦山核电有了良好的运行经验，就成为中国核电发展的“老母鸡”，可以说，中国只要有核电的地方就有秦山核电人。这句话我觉得一点都不过分，包括中广核、田湾核电，尤其是像福清核电、海南核电都传承了秦山核电的良好经验，它们是站在秦山核电的肩膀上滚动发展的。

秦山核电发挥了核电自主化、国产化的典型示范作用，这是秦山核电对中国核电做出的又一重要贡献。我们现在的管理程序既不像火电站的管理程序，也不像国外核电站的管理程序，而是结合了中国的特点逐步形成的。当初我到中广核培训了两年，在秦山二期刚刚建成的时候，就把中广核的管理程序照搬了过来，但是运用了一个阶段以后，发现虽然在中广核运用得好，但是也存在需要改进的地方。秦山核电的人来自五湖四海，身上总有核工业或者电力行业规章制度的影子，所以后来很多程序被我们修改成带有秦山核电或者中核特色的程序，这些管理程序都比较实用有效，促进了我们秦山核电产业的发展。

秦山核电还有一个比较大的贡献就是国产化。从30万千瓦级机组到60万千瓦级机组，再到方家山核电工程的百万千瓦级机组，设备的国产化比例逐步提高，秦山核电为中国的重型制造业做出了很大的贡献。秦山二期扩建工程建设过程中在常规岛引入集散控制系统（DCS），虽然当时上海福克斯波罗有限公司在国内的火电厂有很多应用先例，但是核电厂的技术要求较高，

他们实现不了，为此我们派了操纵员和维修人员七八个人连续蹲厂驻点，协助他们解决问题。可以说，核电产业带动了整个国家装备制造业的发展。

秦山核电为中国核电贡献了技术人才。在秦山核电的建设过程中，我经历了秦山二期带功率运行以后的第一次停堆。当时脑袋里面一片空白，虽然之前做了很多模拟机的演练，但是当真实面对的时候，大脑中明显有一个短暂的短路期，手心里全是汗，指令下达也显得磕磕巴巴。不过到今天为止，我已经经历了6台机组的建设与运行。因为经历得多了，经验也就多了，在应付一些突发性事件时能够做到不慌不乱，从容处理。今天，秦山核电有4000名左右的员工，在核电建设与运行的各个方面均有众多的专家，方家山核电工程快速建成凸显了“老秦人”的战斗力与奉献精神；走出国门，承担巴基斯坦核电项目的检修、调试等工作，说明秦山核电的业务能力得到了国际认可。秦山核电培养了我，在这里我从一个毛头小子逐渐成长为业务骨干，经验得到了积累，能力得到了提升。

核电在我国目前是一个朝阳产业，朝阳产业必然具有发展的生机。如果没有秦山核电，这个朝阳产业可能

秦山核电 30 年来安全发电，运行业绩突出。“三废”排放严格遵守国家法规要求。整个秦山核电的机组自建成以来运行良好，在国际原子能机构排名领先，8 台机组位居第一。

要延缓发展很多年。秦山核电在中国核电的发展过程中做了很多积极的探索，创造了良好的运行业绩，促进了相关产业的发展，培养了成熟的核电建设与运营队伍，我认为这是秦山核电对中国核工业的最大回报。

（尚宪和　中核核电运行管理有限公司副总经理）

第五章

秦山核电从“国之光荣”到“国家名片”的光辉历程

中国核电从秦山核电起步，从无到有、从小到大、从“一张白纸”到竞争世界前列，长期保持良好的核安全纪录，核安全水平居世界前列，标志着我国能源事业进入安全、高效、加速低碳转型阶段，开始迈入能源可持续发展的康庄大道。

秦山核电站照亮了中国核电航程，以秦山核电站为发端，广东大亚湾、江苏田湾、浙江三门、福建福清等一批核电站相继建成发电。目前，中国大陆在运核电机组52台，装机容量5348万千瓦，位居全球第三；在建核电机组18台，装机容量1902万千瓦，位居全球第一。与此同时，我国核电自主创新体系不断完善，核电关键设备和材料国产化率显著提高，形成以“华龙一号”、CAP1400为代表的自主三代核电技术，快中子反应堆、高温气冷堆示范工程进展顺利，小型反应堆研发和示范工程准备在积极推动之中。先进核能系统技术为核能强国建设提供有力支撑。

秦山核电照亮了中国核电航程

⊙汤紫德

2019年是中华人民共和国成立70周年，在这举国欢庆的日子里，需要讴歌、回味和展望的事情实在太多了。此刻，全球能源界朋友都在齐声点赞中国核电——和平利用核能事业的发展成就。

中国核电是从秦山核电起步的。它在新中国的土地上从零开始，经历了从无到有、从小到大、从“一张白纸”到竞争世界前列，这是了不起的成就！它标志着我国能源事业进入安全、高效、加速低碳转型阶段，开始迈入能源可持续发展的康庄大道。

2019年9月3日，我国政府首次发布的《中国的核安全》白皮书提及：当今中国的核电站及其他核设施安全、放射性废物安全、核技术利用安全、核安保、辐射环境监测等领域，“长期保持良好的核安全记录，核安全水平居世界前列”，表明我国核技术应用、核安全监管已达到世界前列水平。

发展核电，是第二次世界大战后和平利用核能的伟大创举。中华人民共和国成立以来，我国的核能事业从零开始，赶超世界先进水平，取得了辉煌的成就。核电已被广泛认定为是一种安全、高效的清洁能源。它在保护环境、防止大气污染，以及维护能源领域可持续发展中的作用正与日俱增，地位不断攀升。核电安全、清洁并能保障基荷稳定运行的特点，正是其备受青睐的重要原因。

自 1951 年人类首次利用核能发电、1954 年世界上第一座核电站并网至今，核电发展经历了 60 多年的历史，大致可划分为验证示范阶段（1950 年至 1970 年前后）、高速发展阶段（1970 年前后至 1990 年前后）、滞缓发展阶段（1990 年前后至 2010 年前后）和发展复苏阶段（2010 年前后至今）。1990—2017 年，全球核电运营机组数量不断攀升，运营机组容量不断扩大，2017 年机组数量和装机规模均创历史最高值。2017 年全球核电机组运营数量为 451 台，装机规模达到 3.94 亿千瓦。其中，美国拥有核电装机 9995.2 万千瓦，居世界第一。我国大陆商运核电机组 47 台，装机超过 4873 万千瓦，排名跃居世界第三。

目前，我国核电技术先进、安全可靠，投运和在建机组规模总和名列世界前茅。截至 2019 年 6 月，我国大陆运行的核电机组有 47 台，在建核电机组有 11 台，装机容量超过 4873 万千瓦。2019 年 1—6 月累计发电量为 33672.8 亿千瓦时，约占全国总发电量的 4.75%。今后，随着技术的改进、安全和管理水平的不断提高，随着核电经济性的不断改善、保障基荷的稳定运行、替代化石能源以及不排放二氧化碳的绿色能源的固有特征的延伸，核电在世界上还将有更新一轮的大发展。

秦山核电 30 万千瓦核电机组首次临界时，时任上海市副市长赵启正、核工业部科委会主任姜圣阶院士、赵宏副部长见证了这一里程碑的时刻。

在全党范围内深入开展的“不忘初心、牢记使命”主题教育中，我们饮水思源，更深刻地认识到中国核电的发展成就来之不易，必须牢记启动秦山核电的初衷和基本事实：

一是，周总理在中国倡导发展核电——第一个擎起和平利用核能的大旗。

我国核能事业的开拓始于中华人民共和国成立初期，当初在毛主席、党中央的领导下，我们有力地抵制了外部势力的打压、封锁，坚持自力更生，发愤图强，逐步建立起自己完整的核能发展体系。在我国核燃料及武器研发取得巨大成就后，周总理又高瞻远瞩，最早倡导并支持在上海周边建造核电站，以缓解华东地区的能源紧张状态。

回顾这段历史很有意义。当时是1970年春节前夕，上海市领导来到北京向周总理汇报工作。当上海市领导说到上海地区能源短缺、用电紧张时，周总理当即斩钉截铁地指出：从长远看，解决上海和华东地区用电问题，要搞核电。

上海市领导迅速传达了周总理的指示精神，于1970年2月8日召集市属有关部门领导进行部署，确定启动

“上海核电项目”，并以当天日期确定项目代号为“728”。

这一决策，观念清晰，目标明确，曾为国人仰视，使业内同仁自豪，因为它富有深远的政治意义和特定的时空内涵。其一，当初“要搞核电”并非行政部门、专业单位事先策划，而是源于党中央、国务院领导远见卓识的果断决策，是周总理在我国第一个擎起了“发展核电——和平利用核能”的大旗。其二，启动“上海核电项目”的“初心”和“使命”是“从长远看，解决上海和华东地区用电问题”，针对目标是能源需求，发展方向是核能和平利用。其三，当时正值世界核电发展高潮（高速发展阶段），启动“728 工程”，为我国核电融入世界发展潮流奉上了一颗闪烁时代特征的东方明珠！

二是，秦山核电站的启动、建造和投运的每个环节，都得到中央领导及各界的深切关注。

启动期间，在周总理的指示下，核电站的立项、选址、设计及设备研发得以推进。核电站严格遵循“安全第一”的发展方针，严格执行周总理当初对发展核电要“安全、适用、经济、自力更生”的指示精神，一丝不苟地完成各项工作。

建造期间，时任国务委员、国务院核电领导小组组长的邹家华同志前往现场考察，指出“秦山核电一期工程开创了自己发展核电的道路”，随即题写了“国之光荣”四个大字。

秦山核电经过 30 年的建设，绿色能源在中国版图上雄起，声名显赫。“国之光荣”更是秦山核电站的金字招牌。秦山核电从零起步，经过艰苦卓绝的奋斗，引领世界先进水平。

建成投运后，时任国务院副总理的吴邦国同志，在出席秦山核电站国家验收大会时指出，秦山核电站的建成，“在我国核电发展和核能和平利用史上具有里程碑的意义，是我国高科技转化为生产力的成功典范”，并题写了 “中国核电从这里起步”。

三是，秦山核电的成就照亮了中国核电航程，引领中国核电走向世界前列。

秦山核电一期工程——“728 工程”不仅在我国起步早，是排头兵、老大哥，体现了中国人自力更生的精神，更是在中国核电领域带头实现了“四个自主”的榜样工程。它引领中国核电航程，培养了配套的核电工程技术队伍，实现了发展核电全流程“自主设计、自主制造、自主建设、自主营运”的目标；它引领中国核电走向世界，参与国际合作，出口核电站；它引领中国核电设备国产化进程，从白手起家到如今“自主研发、设计、制造、验证”一条龙，每年可成套制造百万千瓦级先进核电机组 6 ~ 8 套，国产化率达 80%以上，综合实力位居世界一流水平，为中国成为世界核电先进大国、强国奠定了基础。

四是，国务院成立核电领导小组，明确了中国核电发展管理机制。

“728 工程”启动之时，正遇上我国“文化大革命”，工程一度搁浅。10 年之后，顺应我国改革开放的大好形势，工程重新启动。当时，我正在国家经委国防局工作，有幸和我国首批核电建设者们并肩，摩拳擦掌地投入到这项工程的建设中。我曾经奔波多地，参与选址，见识过诸多的自主设计、自主制造、自主建设场景，参与了各种协调活动，经常体验到各种新鲜感，许多回第一次遇到、第一次尝试、第一次奔跑、第一次成功，见证了新创举、新工艺、新产品……一个个“728”元素的诞生。就这样，经历过无数次的挫折和失败后，我国第一座核电站——秦山核电站建成了，并首次并网发电成功。

继秦山核电站启动后，中国核电的另一颗明星——广东大亚湾核电站也随着广东省与香港联营，通过与法国电力公司及法、英制造商合作，顺利建成，由此开启了我国与外商合作建造 100 万千瓦级商用核电站的历程。

1983 年 1 月，经国务院批准，国家科委主持，在北京回龙观召开了全国技术政策研讨会。会议期间，热心我国核电发展的各路专家出谋献策，统一认识，草拟了我国《核能发展技术政策要点》，对促进统一认识，探索“以我为主，中外合作”核电发展方针以及采用世界先进技术、百万千瓦级机组、压水堆机型等高起步技术路线的形成发挥了重要作用。

在我国，发展核电一直受到党中央、国务院的高度重视。1983 年 9 月 3 日，国务院核电领导小组成立。同时，国务院正式发文（国办发〔1983〕74 号）明确核电领导小组由国务院各部委相关领导组成，由国务院副总理挂帅，主要任务是“统一组织领导全国核电发展及核能利用各项工作。即提出核电发展方针，确定重大技术方案，统一组织对外谈判，协调各部委之间的矛盾。除核电之外，其他有关和平利用原子能方面的问题”等。国务院发文特别明确了我国核电管理体制的基本构架，即由当时主管电力的水电部负责核电站的总体设计、建设、运营和管理；由核工业部分担核岛部分工程及工艺系统设计，供应核燃料组件及核辐射监测等特殊设备；由机械工业部负责核电站成套设备的设计、制造和成套供货。

遵循以上原则，水电部及时组建核电办公室和专业研究所，有效地开展苏南核电的筹备及广东核电站建设的前期工作，实践“以我为主，中外合作”发展方针，采用高起点（或“一步跨越”）推进核电自主化发展的技术路线。据此，由水电部牵头，成功地组织了多项研讨、项目开发和对外合作谈判。特别是以业主身份发起并组织了中美核能合作协定谈判，促成了1985年7月中美两国政府领导人签署《中美和平利用核能合作协定》（遗憾的是，因当时美国国会中顽固势力的阻挠，协定未予生效）。

事实证明，以上决策和部门间分工及其有效实施，明确了核电由能源电力系统归口管理的准确定位。这一定位立足于核能和平利用，肯定了核电的能源电力的基本属性。其实，这种定位早已为世界核电发展历史及其成就所公认。

2002年年底，国家发展和改革委向国务院报告，提出了改革管理、改善能源结构、采用世界先进技术自主发展核电的请示，这一请示立即获得了国务院及相关部门的支持。国务院领导指示，要“积极推进核电建设”，要“采用世界先进技术，统一技术路线，不敢再走错一步，不能照顾各种关系”。这一指示极大地鼓舞了热心核电的朋友们，他们奔走相告，欢呼“核电的春天要来了”！

这一指示确实高瞻远瞩、实事求是，指明了核电发展方向，直击多年来阻碍我国核电发展的症结。2003 年，党中央、国务院做出系列决策。在国务院机构改革中，正式明确将核电业务的归属从军工口（国防科工委及核工业部）划归国家能源局管理，理顺了机制，解放了发展核电的生产力。

从此，中国核电解放思想，迅速启动了“采用世界先进技术”的国际招标，引进了三代核电技术；同时，迅速释放了被搁置多年的岭澳二期和秦山二期扩建项目，项目立马开工建设。随后十余年，我国核电建设如火如荼，不断有新项目上马，有新机组投运；其间，国家发展和改革委还牵头制定了我国第一部《核电中长期发展规划(2005—2020 年)》，进一步推动了我国核电的健康、有序发展。

在改革开放的大好形势下，通过引进、消化、吸收、再创新，我国完成了世界上首批三代核电项目的研发，包括两个 AP1000 项目(4 台机组)、一个 EPR 项目(2 台机组)以及两个“华龙一号”项目(4 台机组)，囊括了美国、欧洲及我国的先进的三代核电技术理念。其中，“华龙一号”是在日本福岛核泄漏事故后，在提升原有核电安全标准的基础上，综合国内外先进技术，采用“能动+非能动”的理念，融合中核集团 ACP1000 和中国广核集团 ACPR1000+ 的技术，自主开发的第三代核电技术。“华龙一号”重视安全性与经济性的均衡、先进性与成熟性的统一，立足于世界核电安全要求和最新技术标准，实现了二代核电技术向三代核电技术转移的大跨越。此外，在完成国家重大专项计划中，自主开发的、完全非能动的核安全技术 CAP1400 进展基本顺利。目前，国家已批准采用该技术的示范项目开工建设。

改革开放 40 多年间，核电虽然起跑较晚，但起跑后步子大、速度快。以 2003 年为界前后对照，可一睹改革开放推动中国核电加速前行后取得的巨大成就。

1．2003 年前

我国核电从 1970 年起步到 2002 年的 30 余年间，先后开工建设了 6 座核电站、11 台机组，实际建成投产 6 台机组、装机 463 万千瓦，年均投产装机量约 15 万千瓦。截至 2002 年年底，我国大陆核电站的建设、投产情况见表 1。

表 1　我国大陆核电站建设、投产情况（截至 2002 年年底）

核电站名称	堆型	装机/万千瓦	建造模式	开工日期		建成日期	
				1号机组	2号机组	1号机组	2号机组
秦山一期	压水堆	31	自行设计、建造	1985–03–21	/	1994–04–01	/
大亚湾	压水堆	2×98	外商总包	1987–08–07	1988–04–07	1994–02–01	1994–05–06
秦山二期	压水堆	2×65	以我为主，中外合作	1996–06–02	1997–04–01	2002–04–15	/
岭澳	压水堆	2×99	中外合作，外商为主	1997–05–15	1997–11–28	2002–05–28	/
秦山三期	重水堆	2×72	外商交钥匙	1998–06–08	1998–09–25	2002–12–31	/
田湾	压水堆	2×100	外商总包	1999–10–20	2000–09–20	/	/

从上表可知，2003 年以前，我国所建的 6 座核电站中，除秦山一期核电站是自行设计、建造，秦山二期是“以我为主，中外合作”以外，其余均主要依赖外商，采用多种机型，实行多国采购，使用多国标准，大多沿用 20 世纪 70 年代的技术。

2．2003 年后

2003 年以后，国家理顺了核电发展机制，解放了核

电发展生产力，促使我国核电发展速度跃居世界第一。根据我国核电营运信息网的统计数据，截至 2018 年上半年，我国大陆已投入商业运行的核电机组达 39 台，总装机容量 3801.9 万千瓦。其中，2003 年以后（不含 2003 年）增加的商运装机为 3338.9 万千瓦，年均装机容量超过 220 万千瓦，其增速相当于 2003 年前的 15 倍。截至 2018 年上半年，我国大陆各核电厂的装机规模见表 2。

表 2　我国大陆各核电厂装机规模（截至 2018 年上半年）

核电站名称	机型	商运机组		在建机组	
		台数	装机/万千瓦	台数	装机/万千瓦
秦山一期	CNP300	1	31.0	/	/
大亚湾	M310	2	196.8	/	/
秦山二期	CNP600	4	262.0	/	/
岭澳一期	M310	2	198.0	/	/
岭澳二期	CPR1000	2	217.2	/	/
秦山三期	CANDU 6	2	145.6	/	/
田湾	VVER1000/M310改进	3	324.6	3	336.2

续表

核电站名称	机型	商运机组		在建机组	
		台数	装机/万千瓦	台数	装机/万千瓦
红沿河	CPR1000/ACPR1000	4	447.5	2	223.8
方家山	CNP-1000	2	217.8	/	/
防城港	CPR1000/华龙一号	2	217.2	2	236.0
阳江	CPR1000/ACPR1000	5	543.0	1	108.6
宁德	CPR1000	4	435.6	/	/
福清	CNP-1000/华龙一号	4	435.6	2	230.0
昌江	CNP600	2	130.0	/	/
三门	AP1000	/	/	2	250.0
海阳	AP1000	/	/	2	250.0
台山	EPR	/	/	2	350.0
石岛湾	高温气冷示范堆	/	/	1	21.1
霞浦	FBR示范堆	/	/	1	60.0
合计		39	3801.9	18	2065.7

若考虑2018年6月底台山核电站首台EPR、三门核电站首台AP1000先后并网的事实，我国目前已投产装机总容量实际已达4101.9万千瓦，其中2003年以后新增3638.9万千瓦，增速则相当于2003年前的16倍以上。目前，三门核电站1号机组已投运，2号机组也实现并网发电；山东海阳核电站1号机组也已经并网，2号机组已装料试运。国内首批AP1000机组的顺利并网最终打消了人们对非能动核电技术堆型的质疑。台山核电站1号机组的并网，表明它超越了芬兰奥尔基洛托核电站3号机组和法国弗拉芒维尔核电站3号机组，成为全球EPR首堆。

纵观全球，2003年以后，我国核电安全、核技术应用水平、发展速度和规模都已居于世界前列，核电装机规模已位列全球第三。

五是，深刻认识能源及核能本质——融入能源生产与消费革命。

2014年，习近平总书记在中央第六次财经领导小组会议上发表讲话，号召全国积极推动我国能源生产和消费革命，强调“能源安全是关系国家经济社会发展的全局性、战略性问题”。能源问题被提到如此高度，联系我国核电事业发展的实际，从事核电工作的同仁应深化对能源及核能本质的认识，提高自觉融入这场革命的意识。

世界能源发展史记载着人类对能源的认知和实践，证实能源是推进人类社会发展的永恒动力，其中需要探求的问题越来越多。对于能源，人类最初的感知是“热”与“火”。一开始人类畏惧火，后来学会采集火种，再后来发明钻木取火、击石取火，燃烧薪材用以照明、取暖、烧烤食物、驱赶野兽……乃至畜力、水力、风力等被用于农业生产，人类对能源的认知不断加深，应用不断扩大。这个阶段的能源以燃用薪材等生物质能为主，处于以农业进步为特征的人类能源发展史的初级阶段。

17 世纪末蒸汽机问世，带动了大规模的产业革命。18 世纪 60 年代，第一次工业革命开始了，能源迅速从自给自足步入商品化发展阶段，极大地推动了工业及技术进步。这是人类能源发展史的第二阶段。这段时期，能源逐渐过渡到以燃用煤炭、石油等化石能源为主。

在漫长的世界能源发展历程中，人类对能源的利用主要停留在自发开采、自发使用的层面，对能源的认知还十分肤浅。20 世纪中叶，人们对核能的认知逐渐加深，开始倡导核能和平利用及其实践，并首先成功地应用于发电，受到各界广泛重视。核电一跃成为世界电力“三大支柱”（水电、火电、核电）之一。

利用核能发电，开辟了人类大规模和平利用核能的新时代。

走进这个时代，世界能源领域景象万千。首先反映出人们对核能的了解在不断加深，核能和平利用的范围及规模在不断扩大。现代工业、农业、医疗、自然科学等诸多领域，涉及核能及核技术开发应用的事迹、成果不断翻新，影响越来越大。尤其是进入21世纪以来，世界核能复苏及其挑战，预示着世界核电发展及核能应用的推广将加快进程，扩大核能和平利用已成为世界能源发展的必然趋势。

走进这个时代，在核能技术不断进步、应用不断扩大的同时，人们关注大能源的视野开始逐渐拓宽，表现为对资源、环境、发展等诸多要素之间的综合认识不断加深，使系列能源行为已开始从自发消费阶段逐渐向自觉开发和科学应用阶段转变，促使人们关注能源的观念开始向理性和实践创新转变。

这一转变揭示了人类长期依赖自然、无节制消耗资源，导致化石能源资源趋于枯竭、环境恶化，以致威胁人类的生存和发展。由此，引发全球觉醒，呼吁改善能源结构、实行节能减排、寻求清洁能源和可持续发展的途径。由此，萌生了开发、使用“绿色能源”的新思维。

近年来，世界各国围绕能源、应对气候变化问题，提出了发展低碳经济的新概念。把解决能源问题引申为以低能耗、低污染、低排放为基础的经济社会发展模式，使之上升为人类社会发展进程中继农业文明、工业文明进步之后的又一重大进步。其实质是促使人类能源观从“自发应用”到“自觉开发应用”的根本转变，加速了对资源高效利用和洁净开发理念的形成。人们通过对各种资源的比较，深化了对开发新能源和加快发展核电的认识。

习近平总书记站在推进能源革命的高度，肯定了以上理念和实践，并提出了全面推动能源消费、供给、技术、体制和加强国际合作等五个方面的具体要求；明确指示要抓紧制定“十三五”能源规划，确立到2030年的战略目标；在提高资源利用、开发洁净能源中改善能源结构，“着力发展非煤能源，形成煤、油、气、核、新能源、可再生能源多轮驱动的能源”格局。

现代能源理念注重核能开发，这一基本事实验证了人们重新认识能源、探索能源来龙去脉的认知也在日渐理性化。

随着人们对能源认知的加深，人类利用能源的历史翻开了从自发消费到自觉开发应用的新篇章。这标志着：当今，人们要加快低碳经济理念的实践、充实和提高，以满足不断苛刻的节能减排要求，应对气候变化和经济社会发展；同时，人们将更加努力深化核能和平利用，不仅要继续推进核裂变能开发、应用，还将加快对氢核聚变能（类太阳能）的商业开发和应用。届时，人类将摆脱资源受限制、环境遭污染的处境。

正如习近平总书记揭示的能源问题“对国家繁荣发展、人民生活改善、社会长治久安至关重要”的深刻内涵，面对能源供需格局新变化、国际能源发展新趋势，在我国，乃至整个世界，一场坚持可持续发展，以改善能源结构为行动目标、划时代的能源革命，正伴随着人们的反思、创新、创造而深入进行。

（汤紫德　国务院核电领导小组办公室原副主任）

遵循国际标准规范，提升核电管理水平

⊙顾　军

我是 1983 年 8 月 13 日从上海交通大学核动力工程专业毕业后被分配到秦山核电厂工作的。当时一起到秦山的大学生，在不同的岗位从事不同的工作，我是其中唯一学核电专业的。但是当时中国大陆没有核电，对核电站是什么样的、设备是什么样的也没什么概念。靠资料来想象核电站，学习起来是比较枯燥的。之后，我去元宝山电厂学习了解常规电站，总算对电站有了一个实地的认识。1985 年，有一个英语水平考试，这是一个全国统一的考试，通过考试之后，可以被派往国外作为进修学者参加相关的学习。当年 12 月初，我就启程到联邦德国的布罗克多夫核电站参加为期一年的调试培训。

回国之后，领导就安排我从事运行工作，还要进行操纵员培训。当时国内没有模拟机，需要到国外去培训，于是联系去西班牙进行模拟机培训。有一种说法，说操纵员是“黄金人”，表示在操纵员身上花费巨大。实际上大亚湾的操纵员培训花费的确很高，而秦山的操纵员远达不到这个标准。秦山的操纵员培训费大概人均几十万元人民币，这是比较低的花费。我从此走上了核电站操纵员的岗位。

按国际标准进行程序化管理的完善过程是秦山核电企业管理逐步提升的过程。核电的管理不同于别的行业，核电站有非常规范严格的程序流程，国际原子能机构也有统一标准、统一要求来约束各核电站的管理。1986 年出了切尔诺贝利事故，秦山核电站还发生了著名的“杜拉事件”。来自南斯拉夫核电站的总经理杜拉先生到秦山之后，对秦山的建设和管理提出了不少质疑。尽管有些不太确切，但是总体比较中肯。以杜拉当时国际化的眼光来看，秦山当时的做法和管理还是参照较为传统的反应堆的标准，和国际上有较大的差异。核电要发展，秦山的管理提升和接轨本身有内在的需求，“杜拉事件”之后，这个问题就更加突出，亟待解决。因此，当时的

反应堆压力容器调试。

核工业部对外寻求国际原子能机构的大力支持，一方面派人出国参加各种研讨会、研讨班，另一方面，机构派人到秦山进行指导和培训。在这种频繁交流的情况下，非常需要翻译。领导觉得我英语不错，可以参与翻译工作。我因此以翻译的身份参加了不少培训研讨会。这期间听到他们讲电站组织架构，讲领域管理，讲质保，讲核安全，当时大家反馈觉得不实在，缺乏干货，因为当时秦山急需解决实际技术问题。但是实际上，他们讲的都是核电管理必不可少的基础，中国要接受国际原子能机构的监督，就必须按照机构的要求和规范进行组织与管理。

1989 年，我们正式上岗倒班的时候，核电站管理的套路基本上已经做到和国际接轨。管理规程基于国际的参考蓝本，结合我们自己的实际，完全是秦山人自己编制的一套完整的运行规程。运行规程并不是简单的借鉴，必须根据核电站的实际和特点进行关联，才切实可用。

1989 年，中国邀请国际原子能机构对秦山核电站进行了一次运行前的安全评审。我当时作为翻译和工作小组的牵头人参与了整个过程。总体上，虽然当时的水平和现在相比与国际标准还是有比较大的差距，但是国际原子能机构对秦山的人员、管理和技术状况各方面工作还是持正面肯定的态度。从开工到操纵员正式上岗，这中间的发展过程为秦山后续的发展奠定了一个非常好的基础。秦山的发展变化和中国改革开放的步伐是一致的，甚至更超前。这不仅仅是技术层面的改进，更多的是思想和理念的改变。

秦山三期引进最大的收获是管理与国际全面接轨。

1995 年秦山三期开始谈判，从开工到调试，再到并网、商业运行，中间经历了四年多的时间。在此期间，除了技术不断地完善，更多的是管理水平在实践中得到很快地提升。

我参与了秦山三期从零起步到建成的全过程。我感觉谈判的过程中，供货商、施工单位、电站等都变得更加自信。相比从前，我们对电站管理、对国际标准有了更多的了解，所以谈判非常高效。谈判从 1995 年 11 月开始，到 1996 年 12 月正式签订合同，经历了一年多时间。李鹏总理出席了当年在上海举行的签约仪式。在国际上，这也是一个相当大的合同，技术是我们比较陌生的技术，同时涉及的管理、商务、法律、融资安排等方面都是非常国际化的。但是秦山人在比较短的时间内做到了全面与国际接轨。

现在来看，当时的合同文本是比较完善的。合同是项目的基础，体现契约精神。秦山从1985年到1995年这十年的发展过程，是基础也是关键，同时在这个过程中，秦山人的眼光、水平和能力都在不断与国际接轨。合同是一个比较重要的标准。

尽管秦山三期的技术不是中国人的技术，但是秦山三期的管理也对中国核电的后续管理起到了很多好的推动作用。这个中外合作的案例，主体是加拿大，常规部分是美国的柏克德公司，设备供应是日本日立，是发达国家的一个团队和中方的合作。一个技术的成功应用，不是简单地照搬，它和应用使用的基础能力有直接的关系。特别是核电这种高科技含量、高技术要求、高质量标准的行业，不是随便哪一个国家都能承担的。这与一个国家整体的工业水平、科技水平、人员素质、管理能力有直接的关系。重水堆能够很快地在秦山开建，并且工期、进度、质量和安全全部控制在预算范围内，同时还缩短了工期，节约了大量投资。创造出这样的奇迹，和中国人在核工业形成的能力密切相关，和中国人的管理水平与国际接轨密切相关，更和一个项目的运作体系和中外团队合作密切相关。秦山核电站是一个创新的示范点，秦山三期和一期、二期的技术不一样，通过实践更好地与国际管理相互融合，孕育出了一种新的适合国情的管理理念。这也是一种引进、消化和吸收。

现在，我们在总结推广秦山核电建设经验的时候，一定要适应新时代高质量发展的新要求，坚持系统工程在核电领域的应用，建立高效的管理体系；着力发挥生产运行和产业发展在技术创新中的主体作用；要加大标准建设力度，关注标准配套建设；大力弘扬核工业精神，充分发挥集中力量办大事的制度优势，凝心聚力、合力推进工程建设和各项工作的进展。

（顾军　中国核工业集团有限公司总经理、党组副书记）

我国核电已经是很先进的水平

⊙王寿君

2017年阿斯塔纳世博会上，我在“华龙一号”模型前讲解时，习近平主席对纳扎尔巴耶夫总统介绍说，“华龙一号”是中国完全自主知识产权的三代核电技术。

现在“华龙一号”在巴基斯坦卡拉奇有两座在建，第三座也签了，和阿根廷的马上也要签了。后面还有在谈的一些国家。现在能出口核电的国家，全世界只有7个，其中就包括中国。我们的核电现在走在世界前列，核燃料元件生产也达到国际标准。

有人说中国的核电落后，事实并非如此。苏联切尔诺贝利和日本福岛都属于第一代核电站，那是比较落后的。而中国建的核电站是二代起步，之后到二代+，现在是三代了。

三代核电有美国的AP1000、法国的EPR，我们自己研发的“华龙一号”、CAP1400，三代核电的大部分在中国。高温气冷堆和快中子反应堆都在建示范堆，四代核电技术已在中国落地。所以从核电站本身来说，我国核电已具备很先进的水平。

“华龙一号”用的是“能动 + 非能动”“双保险”的安全系统。过去只有能动控制，靠人操作仪表。就像日本福岛核电站，受海啸影响，电路被破坏，导致操作系统全部失效，泄露的大量氢气引发了爆炸。非能动就是不用人来控制。像“华龙一号”，出事后 72 小时内不用人去操作都没有问题，但实际上不可能出事以后 72 小时还没人管。

高温气冷堆是第四代核电，使用球形的燃料元件。一个元件直径 6 厘米，小苹果那么大，里面密密麻麻的小颗粒，就像切开的火龙果。每个小颗粒在二氧化铀核芯外面包了四层，一个元件里有 12000 个小颗粒，由石墨裹住，耐 2200℃的高温。高温气冷堆的最高极限温度是 1600℃，不可能把元件给烧坏，所以就不可能产生核泄漏。这就叫固有安全性，从燃料元件上就把安全问题解决了。

第三代核电堆芯损毁的概率是 10^{-7} 每堆年，意思是一个堆运行一千万年才可能发生一次，第二代差不多是

10^{-5} 每堆年，出事的概率极低。加上核工业的应急体系，虽然从理论上讲是 10^{-7} 每堆年，但从实际来讲就是没问题。

（王寿君　全国政协常委，中国核学会党委书记、理事长）

从 30 万千瓦级到 100 万千瓦级核电站，从无到有，从小到大，从弱到强，秦山核电开风气之先，立潮头之端，孕王者之气。图为方家山核电工程开工仪式。

秦山核电从优秀迈向卓越

⊙孙　勤

秦山30万千瓦机组于1985年3月20日正式开工建设，1991年12月15日首次并网发电，它的重大意义首先是解决了中国大陆有核无电的问题，被誉为“国之光荣”当之无愧。其次，秦山从30万千瓦级到100万千瓦级，从1台机组到今天的9台机组，已发展成为一个重要的核电基地，已成为中国核电走出国门的一个重要平台。国内各核电项目积极学习秦山的技术、管理和经验，将秦山作为一个硬件和软件的平台，很多外国技术和管理人员也来秦山学习。所以说，秦山30万千瓦机组，对核工业、对中国核能的发展，起到了关键的奠基石作用。

30万千瓦机组虽然不大，但是意义重大。那么我们应该从秦山30万千瓦机组建设中领悟到什么呢？首先，

秦山30万千瓦机组是一个军民融合的示范，对今后走军民融合的道路起到了示范作用。其次，它是自主创新的典范，在自力更生、艰苦奋斗的过程中不断地进行技术提升，这是很不容易的。只有坚持自主创新，不断提升技术水平，才能保持旺盛的生命力。另外，秦山给我们一个很重要的启示，那就是“安全第一”的理念。安全文化的建立不是一句空喊的口号，而是一种贯穿始终的实践。从白手起家干起，到今天取得成就，安全理念始终如一。在30万千瓦机组建设发展过程中，我们的安全理念、安全意识始终贯彻如一。从发电至今，我们没有发生国际核与放射事件分级表2级以上的事故，没有对环境造成影响，并且这种理念不局限于秦山，而是扩展传播输送到整个核工业集团，输送到全国，甚至输送到国外。因此，30万千瓦机组不仅给我们一个堆，而且带给我们一种精神、一种文化、一种理念，这是很难能可贵的。精神就是核工业“四个一切”的精神，文化就是安全文化，理念就是自主创新。这是核工业人对国家做出的重大贡献。

2015年1月15日，在我国核工业迎来60周岁生日之际，习近平等党和国家领导人做出重要指示。习近平总书记指出，60 年来，几代核工业人艰苦创业、开拓创新，推动我国核工业从无到有、从小到大，取得了世人瞩目的成就，为国家安全和经济建设做出了突出贡献。“世人瞩目”四字高度肯定了我国核工业取得的辉煌成就。

60 年来，我国核工业实现了原子弹、氢弹、核潜艇等一系列里程碑式的跨越发展，支撑起民族自立的脊梁，使我国战略核力量得到巩固和提升，为国家振兴和民族复兴奠定了坚实的基础。建成了世界上只有少数几个国家才拥有的完整的核科技工业体系，实现了我国大陆核电从“零的突破”到掌握世界先进核电技术的跨越式发展。

回顾这六十年，前三十年有“两弹一艇”，后三十年有“两堆一机”。“两堆”的其中一“堆”就是指秦山 30 万千瓦核电站建成发电，另一“堆”就是指“华龙一号”，这里说的一“机”指的是离心机。秦山 30 万千瓦核电站解决了我国大陆核电的有无问题，“华龙一号”解决了“走出去”战略的有无问题。秦山 30 万千瓦核电站奠定了我国核电发展的基石，是军民结合的聚焦点，也是自主创新的重大实践。它的成功为我国核电发展奠定了重要的基础。“中国核电从这里起步”就是从这个基础起步。“华龙一号”是在我国30余年核电科研、设计、制造、建设和运行经验的基础上研发设计的三代核电机型，可以说“华龙一号”是中国核工业坚持自主创新的结晶之一。它既自主创新，又博采众长，说它师出名门并不为过。“华龙一号”证明中国核工业人只要坚持自主创新，坚持博采众长，坚持发挥人才和系统优势，就一定能够站在世界核能界的前沿。

（孙勤　原中国核工业集团公司党组书记、董事长）

欲穷千里目，更上一层楼。秦山核电扬帆启航，两台100万千瓦级核电机组全面进入施工阶段。

和秦山核电一起成长

⊙马明泽

1985年，刚刚从学校毕业的我怀着对中国核电事业的憧憬，来到秦山核电站。等待我的是周而复始的培训和学习，这些培训和学习主要是为第一批操纵员的培养做准备。那时候大部分时间不是到现场，而是到常规电厂实习，到反应堆上实习，接受各种培训，还包括出国培训，直到1991年通过操纵员考试。

1991年12月15日，是一个具有历史意义的日子，中国大陆第一座核电站首次并网发电。那一天，我们本来是上大夜班，在上一班做并网操作的时候就应该是我们接班了，但因为操作需要一个连贯性，所以一直到并网成功以后，机组状态稳定了，他们才跟我们交接班，也就是说我们是秦山核电站并网之后第一个接班的。

接完班后，当我和同事们还沉浸在喜悦中时，便迎来了一次考验。因为是刚刚并网，在调试方面可能还存在一些瑕疵，交接班之后蒸发器水位一直在波动，而且那种波动不是收敛的，是有点等幅甚至有点发散的那种，所以整个晚上我们把注意力基本上都集中在蒸发器水位控制上，大家都很紧张也很辛苦。

操纵员岗位是核电站运行的核心岗位。从 1985 年到 1999 年，我在操纵员的岗位上工作了 14 年。这十四年中，秦山核电的运行、经营、管理逐渐完善。

由于当时对于核电的认识还不像现在这样深刻，缺乏管理的经验，大家确实都想把核电厂管好，但方法上往往不得要领。1997 年、1998 年做了运行的“OSART”（OSART 是由国际原子能机构对其成员国核电站提供的一项重要的安全评审活动，通过对核电站运行安全业绩的深入评审和业界的良好实践的宣传推广，帮助成员国不断提高核电站的运行安全水平），我觉得这对于秦山核电后面的运行业绩的推进和提高起了非常大的作用。通过那次外国专家的评审，我们第一次认识到当初核电厂的管理方式，也就是比较传统的那种以领导亲力亲为的管理方式，在制度体系的建设上，跟国际上的管

海盐人民对核电的支持诚心诚意、坚定果敢，30 多年来秦山核电没有影响当地环境生态。海盐的空气环境优良率列全市第一，2020 年获得“第四批国家生态文明建设示范县”称号。图为雄伟的核电防护海堤。

理有很大的差距。不久，我和其他操纵员就被分别送往美国、法国、韩国等地参加高级管理人员的培训。通过培训，我学会了很多具体的管理方式，并逐渐消化吸收利用，将其运用到生产经营的具体实践中。

通过学习吸收，秦山核电逐渐形成了一套符合实际并行之有效的运行管理体系，收到了良好的效果。我担任公司管理人员后，开始将这些成功的经验推广到其他领域，同样取得了不错的效果。

秦山一期之所以被誉为“国之光荣”，不仅仅因为它是中国大陆第一座核电站，业绩出众，更因为秦山人传承了勇担国任、坚忍不拔的奋斗精神。

当初令我们印象深刻的是，整个核工业部从各个基地调来的老同志中，有相当一部分技术人员的技术素质非常高，也非常敬业。这对我们一出校门就进入电厂工作的年轻人产生了潜移默化的影响。他们身上发光发热的精神和事业心等对我们的影响是很深刻的。所以，秦山一期在解决现场的“疑难杂症”、解决问题的实际能力方面一直很强，甚至不夸张地说可以坐到第一把交椅。

秦山核电不但在运行实践中加强制度建设、强调规范性管理，2001 年以后又开展企业文化建设，把企业文化和公司未来的成长与发展有机结合起来。制度加文化的“双引擎”，很好地推动了秦山核电有限公司的快速成长，这在实际取得的运行业绩中也能反馈出来。经过几代人的不懈努力，我们确实以一个原型堆达到了不亚于商业堆的业绩，也是值得骄傲和自豪的。

作为一个秦山人，我希望并祝愿秦山核电基地能够在整个中国核电不断发展的大环境下，充分发挥一个老基地的作用。我们也感受到，核电作为我们国家的一项能源战略，正在不断得到加强。我相信，中国核电还会有很多新的厂址得到国家的批准。在新项目的建设当中，秦山核电基地一定会发挥更重要的作用。

（马明泽　中国核能电力股份有限公司党委副书记、总经理）

赓续光荣，做强内功，迈向全球领先

⊙卢铁忠

从1985年3月20日开工建设到1991年12月15日并网发电，秦山核电站用了六年多的时间，它被誉为“国之光荣”，被公认为“中国核电从这里起步”。在此之前，我们国内的核事业主要还是围绕着国防相关的任务开展，核能真正进入民用，从某种意义上来说，就是从秦山一期开始的。所以说，秦山核电在中国核电的发展中是具有里程碑意义的，是一块金光闪闪的金字招牌，播下了我国核电事业蓬勃发展的红色火种。

并网发电30年以来，秦山核电接续努力，已发展成为国内核电机组数量最多、堆型最全面、核电运行管理人才最丰富的核电基地，2020年秦山核电9台机组共有 8 台机组达到 WANO 综合指数满分，运营管理水平位居世界先进行列。通过基地建设还培育了底蕴深厚、独具特色的核安全文化体系，形成了一整套成熟完整的安全生产运行管理体系和支持保障体系，培养了一支经验丰富、能驾驭多种堆型运行和管理的人才队伍。

秦山核电发展到今天的规模和业绩水平是极其不易的。因为它堆型多、机组数量和种类也多，很多时候要靠成员单位自身去努力创新，这增加了我们的管理难度，但也促使我们吸收、融合多方面经验，从而对我们的生产管理水平产生很大的促进作用。2021 年，中国核电各个电厂的大修工期基本上都做到了二十几天，比以前的三四十天工期缩短不少。相对而言，有些同行因为机型比较单一，缺少创新改进的压力，所以难获得大的突破。

作为中核集团下属的专业化公司，中国核电正是在吸收、集成、发挥秦山核电 30 多年来积累的宝贵的技术、人才、管理、资产、先发优势基础上，逐步成长、壮大起来的。从取得中国大陆核电零的突破到自主三代核电“华龙一号”在福清核电投入商运，再到特定市场多用

途堆乃至快堆等先进反应堆堆型的开发和建设等，我们创造了多个中国核电发展史上的第一，支撑起我国核电事业的半壁江山。

现在我们积极参加世界核电运营者协会组织的活动，把不同的人派到东京、亚特兰大、莫斯科等不同的中心去工作，带回来不同的经验和信息，这也有利于进一步促进我们的能力提高。我们计划把相关单位组织起来进行沟通和交流，把好的方面汇总并推广，相信运行业绩还会有进一步的提升。

作为中国核电控股的明星企业，秦山核电始终发挥着领头羊和顶梁柱的作用，体现了干在实处、走在前列、勇担国任、勇立潮头的卓越品质。近些年，中国核电的运行业绩取得很大成就，也离不开秦山核电运行业绩的支撑及其经验积累。

另外，核电产业链的各个环节都具有丰富的科学、技术和工程内涵，是我国科技创新体系的重要组成部分，能够有效带动并提升国家重大装备及关键材料等领域的创新发展，进而提高整个核电产业链的核心竞争力和国家的综合战略实力。秦山二期选择建65万千瓦而不是100万千瓦机组，就是由当时国内汽轮机制造水平决定的。在秦山核电30多年的发展带动下，这些都不再是问题。所以从秦山核电的发展中也可以看出我国核电相关行业的发展轨迹。

经过多年的建设与发展，秦山核电形成了安全环保、自主创新、群堆管理、人才摇篮、文化引领、对外服务、公众沟通、企地共融等一系列优势，这都是推动中国核电高质量发展的宝贵资源。中国核电也将积极发挥领导作用，帮助秦山核电谋划好下一步发展。

秦山核电目前已形成了“一体两翼”的规划：“一体”是指以9台机组的安全稳定运行为重心，“两翼”主要还是要围绕着新厂址开发以及技术服务来做文章。

我们要协助秦山核电持续保持九台机组的安全稳定经济环保运行，推动数字型管理建设，抢占智慧核电的高地，成为世界核电运营管理的领跑者；融合中核集团发展战略和长三角一体化等区域规划，推动在浙核电新厂址开发；依托秦山核电30多年的深厚历史积淀，集成开发面向市场的产品，使它成为核电管理、体系、标准、产品和人才的重要输出地。

特别是技术服务方面，我们有这么大、这么强的人才队伍，可以为同行或相关工业企业提供相应的技术服务。核电安全标准比较高，核安全文化是我们企业管理中的一个重要内容，我们可以把核安全管理理念和制度进行系统化、市场化输出。这不仅有利于提高我们自身的管理水平，也能够为国家的安全管理规范化做一些贡献。

我觉得秦山核电这项工作开展得很有意义，一是搞活了秦山，管理机制也好，人才队伍也好，都活起来了；二是使秦山扩大了规模，提升了自身的影响力；三是零碳本来就是国家“双碳”战略目标下很重要的一项工作，我们能够主动去做，有很大的示范效应，也进一步提升了中国核电乃至中核集团在国内的影响力；四是给地方经济也带来了非常大的好处。

要助力国家实现“双碳”能源战略目标，不大力发展核电很难完成任务。我国已有30年的核电安全发展历史，发展核能是实现“双碳”目标最为现实的战略选择，而且我国已具备成为核电强国的发展条件。

中国核电是中核集团助力国家打赢“碳达峰、碳中和”这场硬仗，推动我国能源转型发展和生态文明建设的重要力量。我们深感后续责任重大，使命也很光荣。我们将聚焦主业，推动核电产业安全高效发展，确保在运机组安全可靠运行，抢抓机遇实现新机组的核准建设同行领先，引领我国核电事业前进的方向。同时努力发展风电、光伏发电、地热等非核清洁能源，加快培育敏捷清洁技术产业业务。

目前，我们在核能多用途、氢能和储能等能源新技术、能源服务等领域也进行了积极探索和有益尝试，但在新技术、新业态、新经营模式等方面取得的人才储备、技术储备和实践经验有限，新产业拓展和经营模式创新的工作基础较为薄弱，全媒体时代对核能产业安全发展提出更高要求。

总体而言，机遇大于挑战，中国核电将“五业并举”赋能清洁美好未来：一是践行核安全文化，打造金字招牌，持续壮大核电市场规模。二是探索模式创新，协同客户需求，拓展核能多用途利用。三是发挥核电技术服务专长，促进核能事业国际合作步伐加快。四是坚持融合发展，发挥核电基荷电源属性和核电厂址地利优势，壮大非核清洁能源产业。五是坚持创新发展，积极突破敏捷清洁技术产业。适时开展低碳、零碳、负碳技术研发和产业推广。

核电产业国际化是比较复杂和艰巨、系统化的工作。

首先，核能合作事业是国家间百年联姻的工作，国家支持是先决条件，企业自身可自由掌控的权限不多。其次，核电项目的建设周期相对较长，中国核电在国际核电市场的口碑树立也非一朝一夕之功，需要久久为功。当前我们主要依托秦山核电、中核武汉等并通过集团公司对外的合作平台提供涉外技术服务支持，已经有一定市场影响力和较好的客户满意度，后续还需要继续拓展。我们也会尝试发展一些境外风、光能源相关的业务。当然我们也需要开拓视野，加快培养外语能力强、专业能力好、综合素质优的国际化人才队伍。除了搞实业，接下来我们还要探索核电科技研发合作，进一步完善国际化发展和构建全球核安全命运共同体的正向激励机制。

中国核电的国际化，我个人感觉最可行的首先就是输出标准，我们要努力建立一套以中国核电为主的国际化标准，供有需求的国家或组织采用，继而带动我国核电技术服务的配套输出。其次，我们要积极参与一些国际行业组织的交流互动，不断刷新我们的生产运营管理水平。最后也是最重要的，还是要做强内功，从技术到管理都做到全球领先，取得不可替代的国际话语权。

赓续“国之光荣”的优良传统，积极传承“两弹一星”

精神和“四个一切”核工业精神，大力践行“强核报国，创新奉献”的新时代核工业精神，中国核电正紧抓“双碳”新机遇，追求卓越、超越自我，迈向全球领先的新征程。

（卢铁忠　中国核工业集团有限公司总经理助理、中国核能电力股份有限公司党委书记、董事长）

秦山核电建设的故事，始终被中国媒体浓墨重彩地报道，全国人民对中国核电的发展坚定支持。

不忘初心、牢记使命，谱写“国之光荣”崭新篇章

⊙黄　潜

秦山核电站被誉为“国之光荣”，以振兴民族工业为己任，自力更生，艰苦创业，从无到有，从小到大，不负党中央、国务院重托，取得了卓越的安全运行业绩和良好的社会、经济与生态效益。“十三五”期间，秦山核电先后跨越安全发电4000亿千瓦时、5000亿千瓦时、6000亿千瓦时三个重要台阶，已累计安全发电超过6600亿千瓦时，9台运行机组先后16次WANO综合指数排名世界第一，利润总额占集团公司三分之一强，占中国核电年度60%以上，是中核集团名副其实的经济“压舱石”。

我认为，过去30多年来那些激励“老秦人”的精

截至 2020 年，秦山核电累计安全发电超过了 6400 亿千瓦时，9 台机组 12 次被世界核电运营者协会综合指数评为 100 分，排名世界第一。

神信念依然是我们宝贵的财富。我是1987年大学毕业后到秦山核电工作的，2006年离开秦山，先后到田湾核电、霞浦核电和中国核电任职，但不管走到哪里，一听到“老秦人”这个词，我总是会热血沸腾，生出一种天生的亲近感。在秦山为30万千瓦机组拼搏的日子历历在目，秦山教给我的“艰苦奋斗”“自力更生”“大力协同”“安全第一”等理念一直指导着我。

一代人有一代人的使命，一代人有一代人的作为。由此，我在想：秦山核电建设发展的使命是什么？50年前，周恩来总理亲自主持审定了30万千瓦核电站工程的建设方案，并强调建设第一座核电站的目的不仅在于发电，更重要的是通过这座核电站的研究、设计、建设、运行，掌握核电技术，培训人员，积累经验，为今后的发展打好基础。我认为，这就是我们建设30万千瓦级机组的初心和使命；建设秦山60万千瓦级机组，我们把推动核电设备国产化和跨越发展作为使命，“走出了一条我国核电自主发展的路子”；建设秦山70万千瓦级机组，我们把实现工程管理与国际接轨作为使命，书写了“杭州湾畔中国人成功的故事”；建设方家山100万千瓦级机组，我们进一步推动设备国产化和发展进程，为百万千瓦级核电机组总承包和整机出口积累了经验，实现“从30万千瓦到100万千瓦”自主发展的历史跨越。

30多年来，秦山核电在党的坚强领导下，不忘初心、牢记使命，攻坚克难、开拓创新，创造了骄人的业绩，形成了“八个坚持”的发展经验。

一是坚持党的领导。秦山核电是在党中央和中央领导们的高度关注、亲切关怀、大力支持和勉励指导下建设和发展起来的，没有党的领导，就没有秦山核电，就没有秦山核电的发展。

二是坚持安全发展。9台机组保持安全稳定运行，2020年8台机组WANO综合指数100分，并列世界第一。

三是坚持创新发展。荣获国家科技进步特等奖，拥有专利735项、各类标准68项，其中ISO国际标准2项。

四是坚持绿色发展。累计安全发电6600亿千瓦时，减排二氧化碳6.3亿吨，相当于植树造林418个西湖景区。

五是坚持人才强企。涌现了以欧阳予、叶奇蓁院士为代表的大批杰出人物，输出2500余名骨干、近100名

核电高管，打造国家级大师工作室和院士工作站各一个。

六是坚持企地融合发展。累计投资 833 亿元，年缴税费约 37 亿元，带动核电关联企业近百家，年产值 291 亿元，吸纳就业两万余人。

七是坚持央企责任担当。疫情防控实现“零确诊”“零感染”，结对帮扶浙江三个村脱贫，推进核能供暖和同位素技术应用等。

八是坚持“走出去”战略。承担巴基斯坦 6 台机组的调试和运行等，成为“南南合作的典范”。

进入新时代，秦山核电面临新的发展使命和任务。我想，全体秦山核电人要充分发挥秦山核电的先发优势，扛起“强核强国、造福人类”的使命，继续在核电运行业绩、技术创新、标准输出、品牌形象等各方面作出新示范；要保持坚定理想、百折不挠的奋斗精神，新时代再出发，全力再造一个新秦山；要保持初心、坚守使命，为筑牢国家安全和经济社会发展基石倾情奉献。这应该成为我们新时代发展的定位。

贯彻落实新发展理念必须加强前瞻性思考、全局性谋划、战略性布局、整体性推进，实现发展规模、速度、质量、结构、效益、安全相统一。我们在制定“十四五”

规划时，力求准确把握形势变化，紧抓发展机遇，强化系统思维，加强顶层设计，系统谋划，以发展战略为引领，推进公司体制机制和组织体系优化，提升管理精细化水平，使管理理念、管理文化更加先进，管理制度、管理流程更加完善，管理方法、管理手段更加有效。

我们积极顺应国家发展大势，乘势而上，充分发挥国内超大规模市场优势，加快构建以国内大循环为主体、国内国际双循环相互促进的新发展格局。一方面安全发电，提供安全清洁的能源，打造生态核电。坚持安全发展理念和红线意识，推动“安全是中核集团的企业核心价值观”这一理念落地，把握安全与发展的关系，确保9台机组安全高效稳定运行。完善和落实“从根本上消除事故隐患”的责任链条、重点工程和工作机制，扎实推进安全生产治理体系和治理能力现代化建设，深度分析制约机组业绩提升和稳定运行的各项因素，扎实做好设备管理基础工作，持续推进SPV管理缓解策略落地，提升维修人员技能和设备管理人员的技术水平，加强防人因管理，严控各类安全风险，落实安全责任，不断提高机组本质安全水平。另一方面，充分发挥核能零碳优势，努力提供优质的核技术产品，发展核电关联及核技

术应用产业链，实现核电及关联产业高质量发展，打造企地共融、高质量发展的“全国样本”。比如钴-60生产，我们现在可以满足国内工业钴源70%、医用钴源100%，后续可以把钴-60生产与地方产业政策结合起来，积极融入“零碳未来城”建设规划，打通同位素生产、研发、市场化应用、高端颐养的链条，走出一条发展新路。

要符合科技发展要求，主动作为。当前，人工智能、5G技术、云计算、工业互联网等技术迅猛发展，倒逼各行各业必须顺应发展潮流，加快信息化变革。《2020年浙江省能源领域体制改革工作要点》明确，不断增强电力规划的科学性、系统性、先进性，打造一批智能电厂、电网工程。秦山核电现有信息系统业务覆盖面虽较全，但系统之间数据贯通性不足，系统运行效率不高，已不能适应数字化时代的快速响应需求。迫切需要建立健全规范的数据治理体系，利用融合网、大数据、人工智能等一系列技术手段推进数字型管理，加紧建设智能核电，并逐步走向智慧核电，以实现核电管理水平的反超和领先，逐步成为世界核电的引领者和领跑者。

2020年9月，习近平总书记向世界作出了“中国将力争2030年前实现碳达峰，2060年前实现碳中和”的庄严承诺，立足“三新一高”，为助力实现“3060”目标，核电作为零碳能源责无旁贷、秦山核电作为“国之光荣”更加责无旁贷。

为此，“十四五”期间我们将坚定不移地实施“一体两翼”发展战略，按“1+1+2+4”发展思路统筹推进实现高质量发展。

一是坚持“一体两翼”发展战略。

一体：这是秦山核电的生存之基，以奉献安全高效能源、创造清洁低碳生活为使命，持续保持9台机组的安全稳定经济环保运行，推动数字型管理建设，抢占智慧核电高地，建设世界一流的运营业绩，成为世界核电运营管理的领跑者。

两翼：按照国家能源革命的战略要求，融合中核集团发展战略和长三角一体化等区域规划，调动一切内外部资源，推动在浙核电新厂址开发，推动“四个基地”和“零碳未来城”建设，全力再造一个新秦山；服务之翼，依托秦山核电36年的深厚历史积淀形成的核心竞争力，集成开发面向市场的产品，继续推进高质量的对外服务，提升秦山核电品牌影响力。

二是按“1+1+2+4”发展思路统筹推进实现高质量发展，即一个秦山核电，一个“新秦山”、两个“零碳城”、四个基地。

一个秦山核电，即持续保持九台机组安全稳定经济环保运行，努力推动数字型管理建设，抢占智慧核电高地，建设世界一流的运营业绩，成为世界核电运营管理的领跑者。

一个“新秦山”，即在现有秦山核电基础上再造一个“新秦山”，争取“十四五”期间实现一个新厂址落地，建设六台百万千瓦级核电机组，与秦山核电发电量相当。

两个“零碳城”，即建设环石浦港零碳产业园和中国（海盐）零碳未来城，积极打造核能发电、集中供热、供汽制冷等零碳能源平台，吸引先进制造业集群，打造“零碳能源，绿色发展”的国家级高质量发展示范区。

“四个基地”，一是建设“清洁能源示范基地”，开展光伏、风电、储能、供汽、供热等研究；二是建设“同位素生产基地”，带动同位素应用产业链发展，打造全

◀ 1998 年 6 月 8 日，秦山核电三期工程项目管理水平不断提高，创造了国际国内坎杜重水堆建设史上的多项纪录，加拿大专家称赞说感觉不是和发展中国家打交道，而是和世界核先进国家相互切磋合作。

国核技术应用产业示范基地；三是建设“核工业大数据基地”，推进数字化管理转型；四是建设“核电人才培养基地”，打造国内核电教育培训的引领者和核电人才资源的贡献者。

习近平总书记指出，“敢于斗争、敢于胜利，是中国共产党不可战胜的强大精神力量。实现伟大梦想就要顽强拼搏、不懈奋斗”。站在迈向第二个百年奋斗目标新起点，面对核电发展新机遇，我们将继续坚持以习近平新时代中国特色社会主义思想为指导，坚持党的领导、加强党的建设，胸怀“两个大局”、牢记“国之大者”，大力弘扬伟大建党精神，传承和发扬“两弹一星”精神、“四个一切”核工业精神和“强核报国，创新奉献”的新时代核工业精神，勇于变革、勇于创新，永不僵化、永不停滞，敢于斗争、敢于胜利，学史力行、狠抓落实，以更辉煌的业绩永葆秦山核电作为中国核电“红色根脉”的鲜明底色，谱写“国之光荣”崭新篇章，为助力实现碳达峰、碳中和目标，实现强核梦、强国梦贡献秦山核电更大力量！

（黄潜　秦山核电党委书记、董事长）

发扬秦山“小石头精神”，筑牢核电安全堤坝

⊙邹正宇

作为秦山核电站的建设者、运营者，我亲身经历了秦山核电从“国之光荣”到“国家名片”艰难曲折的发展过程。秦山核电是在党中央、国务院的亲切关怀下，中国核工业众多的设计、建造和运营人员共同奋斗的辉煌成果。秦山核电的建设者、运营者们，就像我们天天看到的秦山海堤的小石头，每一块石头不论大小都能起到阻挡潮水的作用，保护大堤的安全。每一个运行人员都像小石头，无论在什么岗位都严谨工作，为电站安全、稳定、经济地运行贡献自己的力量。

“一块石头的力量或许微乎其微，但千万块石头的力量足以抵挡海浪的冲刷。让所有运行人员像海堤上的

小石头，紧紧团结在一起，凝聚成强大的力量，为核电事业的发展创造美好的未来。”这是秦山核电刘有才老师傅在2004年一次月度安全例会上分享工作体会时说的一段话，他的体会也被称为“小石头精神”——平凡、坚持、守责、团队，扎根岗位，尽职守责，默默地发挥安全基石的作用。

一是平凡。海堤上的小石头，普通，渺小，不起眼，但是不论它在海堤上处于什么位置，都发挥着阻击浪潮的重要作用。我们秦山有很多这样的普通员工，就如海堤上的石头，担负使命，在平凡的岗位上，努力工作，实现自己的岗位价值。

刘有才师傅当时已经50多岁，临近退休，但他依旧坚持每周两次去巡检机组。我们时常看到刘师傅穿着工装，拿着手电，在嘈杂的厂房里查看系统设备的运行情况。他时而查看仪表指示，时而听诊电机运转的声音，神情专注、一丝不苟。有一次，他身边的同事实在忍不住，好奇地问他：“刘师傅，机组每天都有人巡检，您年纪也大了，干吗那么折腾，每周都亲自去啊？”刘师傅笑了笑回答：“我喜欢在现场闻熟悉的味道，听机器转动的声音。不然，这一周总觉得缺了点啥，等退休了，就再也见不到啦。”

我们经常为“明星员工”喝彩，因为他们在浪潮来袭时迎难而上，披荆斩棘，光彩夺目。但其实，在我们身边，有更多扎根于基层岗位的普通员工，他们虽声名不显，却在平凡的岗位上默默地发挥着安全基石的重要作用。

二是坚持。海堤上的小石头经受日晒雨淋、潮起潮落，多年如一日，也不曾动摇和退缩，始终坚持在自己的岗位上，为海堤的安全贡献应有的力量。我们有很多普通员工，面对困难不浮躁、不退缩，沉下心来做事，在坚持中把工作做到了极致。

2013 年，担任了近 15 年重水系统工程师的樊占林被调到换料机相关工作岗位。在工作转型的一年时间里，他发现，由于某些历史遗留问题，换料系统相关设备的图纸杂乱无章，备件管理也缺乏有效手段，工作效率极低。他下定决心，改变现状，主动请缨，从零开始。为实现图纸与项目清单完全一致，需要将图纸上每一个细节部件寻找出来，与设备实物一一对应，这是一项庞大冗杂的工作，加班加点便成了家常便饭。他时而在图纸上涂画标记，扭头又在电脑键盘上敲敲打打，转身又到

现场拍摄照片核对设备信息。经过四年多的坚持努力，他最终完成了SAP上线前约10000多条物料主数据的清理和3000多项PMP预维数据的优化，确保了TEAM系统向SAP和EAM系统的平稳切换。在他的长期坚持下，整理成案的数据总量已经接近100G，其中光是针对单一球阀储备的资料就超过3G。数据优化和使用是一条永无止境的道路，而他也一直在坚持奔跑。于工作时落实责任，于业务中熟练专精，于个人利益上不计得失，不畏难不言弃，数年如一日，扎根岗位，他甘愿做核电事业的安全基石。

三是守责。海堤上的小石头，驻守在各自的岗位上，全力抵挡海水的冲击，保障一方海堤的安全。在秦山有很多普通员工，他们立足岗位，严守职责，敢于担当，勇担重任，为核电事业的发展做出了积极贡献。

保健物理三处个人计量班的班长王悦，是1994年参加工作、长期服务在信息文档岗位的一名“老师傅”。她本可以在自己熟悉的岗位上工作至退休，但她却在2014年做出了一个令几乎所有人都难以理解的决定：放弃工作20年并已取得优异成绩的文档工作，投身到全新且未知的辐射防护工作岗位。在参加岗位双选时，她是这样回应的：“我刚参加工作的时候，就加入了当时的秦山三期重水堆谈判组，在那之后又加入了调试队，从事翻译和文档工作，当时的工作只限于雾里看花的层面，而我想对核电厂一线工作有更全面的了解，有职业性的突破，所以，我就来了。”

新的工作环境与工作职责，于她而言，不单单只是机遇，更是一次艰难的挑战。2014 年公司深化改革后，为了统一管理个人剂量，公司于 2015 年成立个人剂量中心。为尽早取得运营资质，“新人”王悦作为班长带领整个团队从零开始。由于该类运营资质在集团公司属于首次，所以没有前人的经验可以借鉴。她便自愿加班加点地整理材料，向相关部门送审，但是因政策变化、资料不全面等，送审材料一次又一次被驳回。接连的失败，让这位老师傅在背地里一次又一次地抹泪。恪尽职守的她咬紧牙关，按照审查意见，一次又一次地完善材料。终于，经过两年多的默默付出与不懈努力，2017 年顺利通过并取得了 CMA 资质（中国计量认证）和放射性资质，使秦山核电个人剂量中心成为中国核电唯一一家双资质单位。为了拓宽业务，她与团队奔赴海南核电、三门核电等兄弟单位洽谈个人计量防控项目，并顺利签

秦山核电秉承“小石头”精神，创造清洁低碳生活为使命，严守核安全底线，筑牢核安全堤坝，稳步推进同位素生产，向世界一流核电基地迈进，为再造一个新秦山努力奋斗。

约13家单位，共计带来1000多万元的收益，为公司树立品牌与对外服务创收做出了卓越贡献！

像小石头一样坚守自己的岗位，具有强烈的责任意识，付诸实际行动。员工知责负责，守责尽责，敢于面对工作挑战，勇于走出舒适区，积极应对挑战，企业才完成了一个又一个“不可能”，铸就了一个又一个“新辉煌”。

四是团队。海堤上的小石头成千上万，紧紧团结在一起，凝聚成磅礴力量，奋力抵挡海浪的冲刷，确保海堤的安全。企业中有许多优秀的团队，犹如一堆堆团结在一起的小石头，目标一致，团结协作，发挥集体才智，优质完成各项工作任务，提升核心竞争力。

秦山核电是我国唯一的钴源生产单位，由钴调节棒在堆芯内经过中子照射后转化形成。钴棒更换工作属于高吊装风险和高辐射风险的专项工作，每一个环节都必须严格进行管控，容不得半点闪失。为安全有序地开展钴棒更换工作，秦山核电抽调维修、吊装、辐射防护、质保、运行等专业人员，成立钴调节棒更换专项组。专项组中每一位成员都把顺利完成钴棒更换当作自己的责任，从文件准备、模拟演练、应急演习、项目实施到项

目总结都全情投入，既各司其职，又协调统一。集装箱控制室内，组长一边对逻辑图进行标注，一边通过多个监控摄像机掌握和指挥现场工作。另一现场，反应性驱动机构平台，堆顶操作组工作人员穿戴气衣、纸衣等辐射防护用品，佩戴耳机与集装箱控制室进行远程通信，辐射防护和质量控制人员全程监控。“拆除钴棒驱动机构”，“安装屏蔽组件”，“转运小车和屏蔽容器就位”，连续的指令发出，堆顶操作组和转运组密切配合，钴棒被缓缓卸入乏燃料水池，发出美丽的蓝光。

每个人都是独立的个体，只有置身于团队中才能发挥出一加一大于二的作用，团队也需要每个人付诸努力，主动作为，形成合力，才能达到团队目标。

从1985年到2020年，秦山核电一路披荆斩棘，高歌猛进，从30万千瓦首堆到9台机组全面建成，实现了从0到1再到9的质的飞跃；从1991年并网的第一度电到如今全年发电量超过500亿度电，秦山核电已成为我国堆型最丰富、机组数量最多、配套设施最成熟的核电基地，秦山人将一片滩涂变为中国核电的摇篮，用自己的双手和智慧创造了一个又一个奇迹，培育并传承着“小石头精神”。

作为改革开放以来“引进来”和“走出去”的排头兵，秦山核电以“奉献安全高效能源，创造清洁低碳生活”为使命，追求卓越，超越自我，稳步推进清洁能源、同位素生产、核电大数据和人才培训等四个基地建设，向世界一流的核电基地迈进。我们每一个秦山人都应扎根岗位、尽职守责、各司其职，手牵手，肩并肩，紧紧团结在一起，秉承“小石头精神”，严守核安全底线，筑牢核安全堤坝，为再造一个新秦山而努力奋斗！

（邹正宇　秦山核电党委副书记、总经理）

让“华龙一号”成为国家名片

⊙邢　继

1987 年，我从哈尔滨船舶工程学院核动力装置专业毕业后，被分配到北京核二院。当时核二院正处于军转民阶段，武器装备设计研发项目几乎没有了，为维持正常运行，正四处找任务，承揽火电厂和啤酒厂设计，甚至承担了全国三分之一以上的啤酒厂设计任务。面对巨大落差，我并没有抱怨。我想：啤酒厂也是工程，和核工程设计有很多地方是相通的。我的工作刚刚起步，能学到的东西也很多。

当时，核二院有许多参与过“两弹一艇”研制的老专家，在核工程研究设计上摸爬滚打了好多年，研究能力和技术水平相当过硬。我跟着这些老专家到全国各地搞火电厂和啤酒厂工程设计，学到了很多东西。那时候，我们核二院有“八大怪”——八位老专家，他们个个都有真本事、真性情，我和他们都合得来。每次出差，搞工程设计，老专家都带着我。那些年尽管没有直接从事核电工程设计，却是我最受益、最有成长感的时代。

日本福岛核电事故发生以后，国家已明确中国建设核电站，必须满足世界上最高安全标准措施，必须是多样化设计单位，可保证解决许多复杂、关键的技术研究。

1987年8月7日，广东大亚湾核电站正式开工建设，这是中国首次从国外引进先进的核电技术，总工程师是欧阳予院士。大亚湾核电站施工需要中国人参与，我也去了。这是一个全面学习了解核电工程的机会。在工作实践中，我勤于思考、敢于质疑、虚心求教，很快能与法国人直接对话、讨论工程方案。有些时候，法国人直接把图纸交给我去组织施工，也会把重要工作交给我来做。在大亚湾核电站工作的那些年，我较深入地了解到当时国际上先进核电站的工程设计流程，积累了核电工程设计经验。这对我以后的科研和工程设计也产生了很大的影响。

20世纪90年代，根据国家的安排部署，广东岭澳核电工程建设不断加快，秦山核电二期工程建设也在抓紧进行。为了适应形势的需要，核二院对这两个国家重点工程项目的设计人员进行了调整，我和同事们又承担了秦山二期工程的设计任务。

秦山二期工程的自主设计对核二院来说，是有很大难度的。因为自主设计这样大型的核电工程，在国内还是第一次。为了掌握核心技术，设计出符合国际先进标准和具有自主知识产权的核电站，我们核二院的科研设计人员齐心协力，团结配合，克服了重重困难。秦山二期共成功引进了上百个设计分析软件，借鉴了大量参考电站的图纸资料，收集了全套国际上应用的施工标准，并先后进行了包括堆芯设计、安全壳内布置、堆内构件与压力容器之间的水层厚度选择等300多项核心技术的创新和改进，使反应堆本体的安全性能、安全系统的可靠性和冗余度、防范和缓解严重事故能力等都得到了优化，并使自主设计率达到90%。正是我们设计人员对这座核电站的几百个系统、30余万个部件、上百万张设计图纸，如同“庖丁解牛”似的反复磨合、反复实践，才使得我国核电建设的自主化能力得到大幅度提升。

秦山二期工程开工以后，我被任命为核二院秦山二期工程项目现场队队长，长期驻守在秦山二期施工现场，负责处理施工和安装中发现的问题。由于秦山二期工程是在设计图纸还没有完成、尚不具备开工条件的情况下开工的，所以开工不久，就遇到了施工图纸供不应求的困难局面。几年来，在现场遇到的问题太多了，受的委屈数也数不清。在工程调试中，暴露出设计工作的问题很多，现场队的压力越来越大。当时，李晓明副院长及时从核二院总部调来技术骨干，带上先进的设备到现场

工作，现场队的人员增加到 100 多人。在业主和设计、施工人员的共同努力下，秦山二期工程 1 号机组于 2002 年 4 月 15 日提前投入商业运行。

在完成秦山二期工程的设计任务之后，我又被聘任为岭澳二期工程总设计师，主持我国首座自主化的百万千瓦级核电站——岭澳二期的设计工作，解决“翻版加改进”中的技术难题，结合国内外核电运行经验反馈和自主建造与设备国产化需要，开展了 500 余项技术改进，使核电站安全水平得到进一步提高，并且达到了国际同类机组的先进水平。我主持制定形成改进型百万千瓦核电标准设计，为我国掌握百万千瓦级核电设计技术和核电批量化自主建设奠定了基础。“百万千瓦级核电站自主设计与技术创新”项目获得国防科学技术进步一等奖、核能行业科技进步一等奖和核工业部级优秀工程设计一等奖。

在经历了秦山二期核电站和岭澳二期核电站等我国自主设计的核电站建设后，建造世界先进水平的、完全具有我国自主知识产权的三代核电站的梦想，深深驻在我的心里。

20 世纪末，当国家提出百万千瓦级核电机组要实现完全自主化的方向时，我和团队创造性地提出了“177堆芯”“双层安全壳”“能动与非能动相结合的安全设计理念”等技术方案，确定了22项重大技术改进，进一步提高了反应堆的安全性，完成我国首个具有三代特征的压水堆核电型号的研发，获得了核能行业专家评审认可，一点点搭出了“华龙一号”的骨架。

2009年，CP1000（“华龙一号”前身）被要求尽快上马，但是对于核电站安全壳采用单壳还是双壳，大家还有分歧。在专家讨论会上，双方争执不下时，我说了这样一段话：我们能够深刻地理解到这件事情产生的影响有多大，也非常珍惜有这样的机会去创造一个属于自己的核电站，同时更知道它的重要性……我们要坚持采用双层安全壳这样一个方案，这个方案能够点燃设计人员的创新热情和激情。最后，专家们接受了我的意见。

日本福岛核事故发生以后，国家已经明确，在中国要建设的核电站，必须满足世界上最高的安全标准。中国自主设计建造的核电站应该在安全上有更高的目标。这是我们面临的新的困难与挑战，但是我们有信心去实现它。

在核电站建设投资上，一半的投资不是用来发电，

秦山核电二期工程反应堆堆芯从121组增加到148组，22项技术改进凝聚了核电站建设者的智慧与心血，搭建起了“华龙一号”的骨架。

而是用来保证核安全。粗略统计，核电涉及80多个专业，设计中要充分假设各种可能性，然后针对不同的假设事件采取措施，并且措施必须是多样化的，不会因为某个措施故障导致系统全部失效。正因如此，核电站设计中要考虑的问题非常复杂。

我提出以“能动与非能动相结合”为核心的一整套先进核安全理论，完成能动和非能动安全系统配置优化、非能动系统瞬态特性分析等关键技术研究并通过实验验证技术可行性。研究成果已成功应用于“华龙一号”示范工程。能动和非能动相结合的安全设计理念，具有完善的严重事故预防和缓解措施，可有效应对地震和海啸等自然灾害，安全设计水平达国际一流，已被国际原子能机构最新发布的安全标准采纳，其合理性和先进性已得到普遍认可。

我主持开发的“互联网三维协同”设计一体化平台，使1600多人的设计团队能够多专业、多系统、异地协同作业，得到李克强总理的高度赞许。我推动并参与制定“数字核电”发展规划，依托“华龙一号”示范工程开发的首个“数字核电站”已具雏形。

“华龙一号”凝聚了核电建设者们的智慧和心血，

实现了先进性与成熟性的统一、安全性与经济性的平衡、能动与非能动的结合，其安全指标和技术性能达到了国际三代核电技术的先进水平，具有完整自主的知识产权。

2015 年 5 月 7 日，“华龙一号”示范工程——中核集团福清 5 号核电机组正式开工建设。这个项目涉及上千人的研发设计团队、5300 多家设备供货厂家、5 万多台（套）设备、165 公里管道、2200 公里电缆，先后有近 20 万人参与了该项目的建设。“华龙一号”工程建设进展顺利，所有里程碑节点均按计划实现，于 2020 年并网发电。2021 年，“华龙一号”投入商业运行，从核岛浇筑第一罐混凝土到商业运行仅用了68.7个月，是唯一按期完成的全球三代核电首堆。

截至目前，“华龙一号”共获得 743 件专利和 104 项软件著作权，覆盖了设计技术、专用设计软件、燃料技术、运行维护技术等领域，满足核电“走出去”的战略要求。“能动与非能动相结合”核安全设计理论已被国际上广泛认同与接受。“华龙一号”技术正走向世界，我国已经与 20 余个国家建立合作意向。目前，“华龙一号”已成为“国家名片”落地巴基斯坦，并与阿根廷签订框架协议，带动了中国高端装备制造业走出去，为我国实施“一带一路”倡议和建设核强国的目标提供了有力支撑。

“华龙一号”百万千瓦级核电机组的诞生，使我国成为继美、法、俄之后，又一个具有独立自主建设三代核电技术的国家，习近平总书记赞誉其为“中国完全自主知识产权的三代核电技术”。中国核电发展了几十年，一直在“跟跑”，“华龙一号”实现了“并跑”，这是中国核工业在世界核能发展中的历史性转变。我很庆幸自己能经历这段过程。我坚信，中国核电未来一定能实现领跑。

（邢继　中核集团“华龙一号”总设计师、首席专家）

峥嵘岁月铸辉煌

⊙李鹰翔

秦山核电建设30年了，也算得上“三十而立”。自1985年3月20日主体工程正式开工，中国大陆自行研究、设计、建造、运行、管理的第一座核电站拔地而起，之后30年来，秦山地区已经陆续建起了堆型多样、容量不同的9个核电机组，成为目前我国最大的核电基地。

秦山核电拥有许多历史光环。中央领导先后题词：“国之光荣”“中国核电从这里起步”。万事开头难，为了开创中国大陆核电从无到有的历史，秦山核电建设领导者和广大干部职工，经历了多少波折、多少磨难、多少艰辛、多少担忧，最后终于获得成功。1991年12月15日并网发电成功，强大电流输入华东电网，实现了中国大陆核电零的突破，为中国核电树起了一座里程碑。

秦山核电（包括一期、二期、三期和方家山）各个机组投运以来，一直保持着安全可靠的运行记录，为满足经济发展对电力的需求，减轻煤炭运输压力，减少环境污染，做出了重要贡献。事实证明：我们完全有能力自行设计、建造、运行、管理不同规模的核电站，核电是安全、可靠、清洁、经济的能源，应该成为我国能源发展战略的重要组成部分，保持持续、稳定、长远的发展。

我有幸参与和见证了秦山核电一期工程建设的全过程。在一期工程建设期间，我曾经五六次到建设现场。特别在建成发电前后，我协助秦山核电站的同志编纂了《国之光荣——秦山核电站建设者之歌》的报告文学集、《秦山核电站》画册；给《瞭望》周刊写了《中国大陆第一座核电站建成发电》的通讯报道；在北京工艺美术馆办了“秦山核电站图片展”，二机部老部长宋任穷、刘杰和国防科工委、能源部、电力部等单位的同志都来参观；参加了在浙江莫干山召开的秦山核电一期工程总结会，并为核工业总公司党组起草了《发展核电，造福人民——秦山核电站建设的基本经验》一文，刊登于《求是》杂志。悠悠岁月，如今回忆起来，秦山核电现场的

武汉核动力运行研究所检查在役核反应堆厂房。

领导和职工的许多感人事迹还是历历在目，深感这项工程的成功真是来之不易，不是亲身经历的人可能难以体会和理解。我在2008年第12期《中国核工业》杂志上发表的《秦山核电站成功背后的故事》一文，受到电力部门同志的深切关注，2014年1月《中国电力》杂志还特地转载了这篇文章。

秦山核电一期工程是个原型堆，规模不大，装机容量只有30万千瓦，但它的历史地位、历史成就、历史经验、历史作用都是不可轻视和低估的。它毕竟是我国自行研究、设计、建造、运行、管理的第一座核电站，是大陆核电事业的开创者，是成千上万建设者的心血结晶。秦山核电不平凡建设过程中锤炼的坚定信念和不怕困难、百折不挠、艰苦创业的精神将永放光芒；积累的建设经验、运行经验和管理经验，锻炼成长了的专业科技、管理和工人队伍，在后续的核电建设中发挥了重大作用，有力地推进了我国核电的发展。

秦山、秦山，峥嵘岁月铸辉煌，愿秦山核电青春常在。

（李鹰翔　原二机部办公厅主任）

站在高处，看秦山核电基地

⊙郑庆云

秦山核电基地圆满建成，现拥有9台核电机组，总装机660.4万千瓦，年发电量约500亿千瓦时，为华东地区经济发展做出了积极的贡献。但还需站在高处来看秦山基地的角色与历史重任——它是我国核电的发祥地，掌握技术、培养人才、自主管理的目的大于发电。那么，这个高屋建瓴的愿景达到了吗？中核集团公司在组织工程验收的同时，组织了系统的经验总结，力求全面回答这一问题。我与政研体改部的陈书云、张果等与秦山核电基地的林德舜、于英民、王森、鄢斌等同志，历时一年半时间，完成了《关于秦山核电站建成并网十周年经验总结》《关于我国首台60万千瓦核电机组建成经验总结》《关于秦山重水堆核电站建设经验总结》等一系列文章，对此进行了归纳提炼。

中央领导和国务院相关部门对这些经验非常重视，充分肯定并做了重要批示。当时的《求是》杂志和《人民日报》《经济日报》都全文刊载。2004 年中核集团又将这些文章汇编成《秦山核电建设基本经验选编》，为制定“十一五”规划，为中长期规模发展核电提供了资料。正如周恩来总理在 1972 年 8 月的中央专委会上所指出的，有实践就要有总结。通过实践，总结提高，上升到理论，再去指导实践。规划要有经验的总结，否则是空的。在总结的前提下搞规划。这是很重要的。

（郑庆云　原核工业部政策研究室主任）

追梦中国，在守护核电站中点亮人生

⊙何少华

1995 年 7 月，我从学校毕业被分配到秦山核电公司检修部，从事反应堆本体检修和装卸料操作工作。这个岗位极其重要，如果在某一个工作环节出现问题，整个核电站的运行可能就会出现停滞。核电站繁纷复杂的系统，让我这个机械制造专业毕业生感到巨大的工作压力。

我是个不服输的人。我坚信，只要刻苦学习，就没有学不会的东西，就没有做不成的事情。为了尽快熟悉和掌握核电机组性能，我整天泡在现场，抱着图纸资料，查对系统，熟悉每一台设备，做详尽细致的记录。我认为，技术工人就要有“金刚钻”的精神，在熟悉的领域一点点钻进去，盯住一个点，不停地琢磨研究。就这样，我一边看，一边学，不放过每一次操作上手的机会，迅速成了师傅们信得过的新人。

核反应堆本体的检修不同于常规检修，不仅对安全性要求极高，而且操作程序也极其复杂。操作人员如果想要在一个机组看到完整的换料大修工艺流程，需要五年左右时间。

为了尽快熟悉并掌握机组性能，我时常在各个现场穿梭，潜心钻研图纸、资料，熟悉各种设备系统，了解工作原理，虚心向老师傅们求教，仅用了两年时间就完成了一般人五年的成长时间。1997 年，我成了维修班的带头人。

然而，1998 年的一次维修，让我对自己的职业有了全新的认识。当时，秦山核电站运行中的核反应堆出现异常，维修组操作一台昂贵的防辐射可视设备参与维修，没想到刚下水设备就“罢工”了。班组人员无计可施，只能在国际上招标寻求外国团队帮助。当时请来外方团队，工作一天就花了数百万美金，真是感到心痛啊！

看到这种情况，我下决心要补上技术落后的短板，立志要让中国人也具备独立维修核反应堆的能力。我查

阅资料，日夜钻研，相继开发出了不少独有的维修技法和维修工具。凭着十多年的努力，我和我的团队完成了反应堆堆内构件水下维修技术研发、燃料组件修复成套装置研发和控制棒驱动轴切割技术研发等工作，达到国际同类技术的先进水平。

秦山核电一期装机容量30万千瓦，是我国自行研究、设计、建造、运行、管理的第一座核电站，是中国广大的科技工作者、成千上万建设者的心血，是中国攀登世界科技水平之路的练兵场。

2006年，我被派往巴基斯坦恰希玛核电站工作。在巴基斯坦的两年时间里，我做了很多运行维护工作。2009年1月，我和我的团队顺利完成了难度极高的核反应堆水下维修，使核电站重新进入正常运转。当时现场的巴方人员不由自主地鼓起了掌，这掌声就是为中国来的专家团队响起的。从遇到“疑难杂症”需要求助国外专家，到帮助国外核电站解决“疑难杂症”，我们实现了重大的跨越。

2010年9月，在中国核工业创建55周年之际，我荣获“中核集团第四届技术能手”及“中核集团核反应堆核级设备检修首席技师”光荣称号。2014年，我获得了中华技能大奖。这是一个含金量极高的奖项，是我国高技能人才的最高奖，素来被誉为“工人院士”。从1995年设立该奖项至今，全国仅有230人获此殊荣。2014年，以我的名字命名的工作室成立。

2015年9月3日，在纪念抗日战争胜利大阅兵时，我受邀观礼。那一刻，我深切体会到中国梦的深刻内涵。我一定不忘初心、牢记使命，继续坚守在生产一线，守护核电站。

（何少华　秦山核电站高级技师，中核集团首席技师）

秦山核电与地方共融共建，实现和谐双赢发展

⊙徐浏华

秦山核电站落户海盐30多年，带动了海盐经济的大发展。现在，秦山核电站已拥有9台机组，总装机容量达到660.4万千瓦，年发电量达500亿千瓦时。截至2019年年底，秦山核电站已累计投资814亿元，缴纳税费375.14亿元。秦山核电目前年产值约180亿元，每年依法缴纳各类税费约35亿元，其中教育附加税约1亿元。有了核电巨轮的领航，海盐经济逐步壮大，日趋强劲，海盐多次位列国家统计局发布的全国百强县行列。

有了核电的支持，海盐的城市建设更美了，教育实力更强了，居民素质更高了。城市建设上，占地52万多平方米的核电系统生活区，定位高，设施完善，是海盐住宅小区的样板。教育实力上，海盐连续五年高考一本上线率、万人本科率等指标位居嘉兴市第一，多次出现全省或全市的高考第一名。居民素质上，一万多核电系统单位职工及家属，有文化、有素质，改变了海盐的人口结构，丰富了海盐的人文习俗，促进了海盐多元文化的形成。更重要的是，核电能源的清洁特点，为海盐良好的生态环境建设做出了贡献，也让人们生活得更加健康，海盐人均期望寿命已经达到80岁，超过浙江省平均水平。海盐优美的环境、优雅的生活品位，是包括核电人在内的所有海盐人共同努力的结果。

因为秦山核电的到来，当初以农业和棉纱纺织等轻工业为主的滨海小城海盐，实现了与“核”结缘、依“核”发展、谋“核”腾飞的三级跳。2007年，海盐提出了发展核电关联产业的决策。核电关联产业随即被列入浙江省加快培育和发展的“九大战略性新兴产业”之一。2010年浙江省政府与中核集团正式签署共建“海盐·中国核电城”，海盐相继成立核电关联产业联盟，出台核电关联产业扶持政策，千方百计推进核电关联产业的发展。秦山核电的品牌优势、技术优势与地方政府的政策优势、决策优势密切结合，逐渐朝产业链齐全、技术能力一流、辐射全国、影响世界的核电城迈进。截至2018年年底，海盐县核电关联产业联盟有85家企业，成功引进阿海珐（中国）核电服务公司和施耐德（繁荣）电气公司两个世界500强企业项目。秦山核电作为海盐县核电关联产业联盟董事长单位，充分发挥自身产业资源优势，带动海盐企业发展。2019年，核电关联企业实现产值约72亿元，缴纳国税地税约4.37亿元。

“秦山蓝本”“海盐样本”充分证明：核电建设和地方发展完全能够和谐共处，相得益彰，海盐与核电30年的关联发展、和谐发展，使海盐成为中国核电和谐发展的典范之地和风向标。

（徐浏华　原海盐县支援重点工程办公室主任）

回忆秦山的斑斓故事

⊙张　录

我曾在核工业四〇四厂一分厂从事核燃料铀转化工作，担任过操作员、大轮班值班长，后调入总厂工会从事专职宣传工作。1985 年秦山核电开工建设时，一纸调令，我被调到秦山核电站，亲历了秦山核电 30 万千瓦级、60 万千瓦级核电站建设全过程及三门核电第三代 AP1000 核电站的前期工作。作为秦山核电建设的亲历者、见证者和记录者，我脑海中有许多令我眷恋和追忆的秦山故事。

中国核电建设的起步离不开周恩来总理的亲自布局。我国在研制成功了“两弹一艇”之后，周恩来总理亲自提出建设核电并主持审定了 30 万千瓦核电站工程的建设方案，并反复强调核电站建设必须坚持安全第一、技术第一的原则和要求。遵照周总理的嘱托，李鹏总理

秦山核电 30 万千瓦机组的建设，由全国 100 多个科研单位、400 多个核电项目组、585 家设备制造厂艰苦攻关，最终完成了 36000 多台设备、配件的制造。秦山核电建设者不仅成功研制建设了中国第一座核电站，还同时掌握了外国核电先进的管理技术。

以最大的倾注、最大的决心、最多的精力，参加过秦山核电站从起步到发展的全部决策和建设过程，曾五次到过秦山，来组织建设。

千秋伟业，始创艰难。1981 年，国务院批准了发展核能的可行性报告。第一座核电站从全国十几个预选厂址中选定浙江省海盐县的秦山，1985 年 3 月 20 日浇筑第一罐混凝土。

1989 年 2 月，在北京京西宾馆的一次会议中，邹家华同志用苍润道秀、雄浑磅礴的书法为秦山核电写下“国之光荣”的题词。我用当时最流行的金属铜铸成 4 米 ×4 米的大字，悬挂在核反应堆主厂房前马路的高空，非常醒目。“国之光荣”现已成为秦山核电亮丽的金字招牌，是弘扬秦山核电为国造福的脉动。1995 年 7 月，吴邦国副总理在海盐国光宾馆又挥毫写下了“中国核电从这里起步”，题词中蕴含着浓浓的核电情。时任国防部部长的张爱萍将军，在秦山考察时，我抓住机会提前准备好文房四宝，请他书写了几幅碑帖，为秦山核电和海盐县留下“天上星光闪，地上海盐滩，核电光天地，祖国换新颜”墨宝。我又到杭州请中国书法泰斗沙孟海为秦山核电书写了雄浑博大、

古拙朴茂的“杭州湾畔一明珠”“秦山核电公司”的公司铭牌。

经过81个月的艰苦奋战，1991年12月15日，秦山核电一期首次并网发电，实现了中国和平利用核能的重大突破，使中国成为世界上第七个能够自主设计和建造核电站、第八个出口核电站的国家。

秦山核电声名显赫，它的故事始终被中国主流媒体浓墨重彩地报道。秦山核电独立自主地走科研开发的道路，真正掌握了核电建设的核心技术和完整技术，走过电站运行维护和管理的全过程。目前，秦山核电30万千瓦机组核电站已不是当年土生土长的原型堆，在又经过100多项技术改造，这台机组已提升为数字化运行，曾获国家科技进步特等奖，经世界核电运营者协会综合指数评分进入世界先进机组行列。2021年，该机组申请延寿20年获得成功，这对我国构建整套运行、延续技术体系具有示范价值。秦山一期核电站因此被誉为中国“重新青春”的核电站，为我国后续即将到达服役期的核电机组闯出了一条新路。

秦山二期实现了国产化的重大跨越，走出了一条我国核电自主发展的路子，不仅为方家山核电核燃料堆芯研发了二代改进型，还为“华龙一号”采用 177 组核燃料组件技术准备做出了特殊贡献，证实我国完全具备自主设计、自主建造百万千瓦级核电站的能力。首次数字化射线检测技术、燃料入堆考验、数字化无损检测等也都为后续我国自主发展三代、四代核电机组做出卓越贡献。核电国产化道路上多出来的坎儿，是对中国核电人毅力和精神的考验，一旦跨过这些，必将一路彩虹。秦山二期为我国发展百万千瓦级核电项目奠定了良好的基础，积累了经验。

从加拿大引进坎杜 –6 重水堆核电技术，标志着我国核电工程项目管理水平实现了与国际接轨。经过我国自主发展核电的成功实践，中国人形成了自己的技术权威，在概念设计审查阶段，向外方设计单位提出问题 919 个，促成 40 项设计变更，96 项设计改进，其中第一次采用中国技术改进的有 21 项。加拿大原子能有限公司副总裁潘凯恩说：“秦山三期工程是中加合作最好、工期最短、质量最高的坎杜项目，是以中国人为主体实现的协作，是中国人成功的故事。”重水堆生产钴 –60 实现国产化后，扭转了我国钴源长期依赖进口的局面，目前可以满足 70% 的工业钴源、100% 的医用钴源，秦

山是我国唯一生产钴 -60 的生产基地。

秦山核电坚持创新发展，以振兴民族工业为己任，从 30 万千瓦核电起步，目前已拥有 9 台机组，总装机容量达 660 万千瓦，安全发电 138 堆年，成为目前我国核电机组数量最多、堆型最全面、核电运行人才最丰富的核电基地。秦山核电还拥有各种专利 735 项、发布国内标准 522 项、国际标准 2 项。9 台机组多年运行稳定，处于世界先进水平。2020 年，8 台机组达到 WANO 综合指数满分，排名世界第一。

秦山核电还是人才的“孵化器”。秦山核电站建设前后有彭士禄、欧阳予、马福邦、叶奇蓁四位两院院士负责秦山核电的技术和管理工作，培养出一支经验丰富、梯次合理，既能驾驭多堆管理又能进行调试、检修、经营的复合型人才队伍，保证秦山核电的安全运营，形成了一套合理的人员流动机制。目前，从秦山核电已走出去 2000 多名技术骨干，分别输送到田湾、福清、三门、海阳、海南、辽核、漳州、霞浦等核电站，这些人员是秦山培养的技术精英。还有 100 多人，分别在中核集团总部、各核电站担任党委书记、董事长、总经理等领导职务。中国大陆第一批 35 名“黄金人”是秦山培养的。

所谓“黄金人”，就是核电站主控室操纵人员。培养一名主控室操纵员平均要花费七年，难度不亚于培养一名飞行员，培训费用少则六七十万元，多则达上百万元。

1991 年 12 月 15 日 0 时 15 分，秦山核电站首次并网成功，从此结束了中国大陆没有核电的历史。强大的绿色能源汇入华东电网，被称为“核电之光”。

但秦山核电的“黄金人”与众不同，他们是中国国产的“黄金人”，善于拼搏、能打硬仗、一专多能。他们中的大多数目前是中国核电的技术领军人物。中国第三代核电“华龙一号”、第三代 AP1000 核电、海南昌江核电站、巴基斯坦卡拉奇核电站全都是由秦山核电的技术人员负责建造、调试、运行和管理。秦山核电还建立了 18 个专业技术人才平台，其中何少华工作室在 2018 年被评为“国家级技术大师”工作室。

秦山核电还为海盐的经济腾飞谱写新篇章。30 多年来，秦山核电与海盐互信，坚持企地融合发展，累计投资 826 亿元，带动核电及关联企业近百家，年产值达 300 亿元，吸收就业 2 万余人，创造了良好的经济效益与社会效益。截至 2020 年，秦山核电已向海盐地方缴纳税费 460.59 亿元，教育附加税 14.28 亿元，城市建设税 14.76 亿元。

海盐中国核电城的成立，为海盐的经济发展打开一扇窗户，像一缕春风吹拂在江南大地。海盐已是国内重要的核电关联产业基地，有 90 家企业加入。产业税收从 2015 年 8890.82 万元增加到 2019 年 33040.94 万元，成为浙江加快培养和发展壮大的战略性新兴产业之一。

30多年来，秦山核电的发展没有影响海盐的环境，海盐依旧青山幽幽，秀水盈盈，天空湛蓝，河水清澈，空气环境优良率列全市第一。2015年，海盐勇夺浙江省“五水共治”最高奖项“大禹鼎”。2020年，被生态环境部授予“第四批国家生态文明建设示范县”的称号。如今的秦山核电与海盐是一株并蒂莲，花开两朵，两处芬芳。当前秦山核电与海盐共建重要的民生项目，打造“江南核能供暖示范窗口”，致力于打造国内首个、国际领先的零碳高质量发展示范区，到2025年实现海盐主城区、秦山街道与澉浦镇集中供暖。

秦山核电曾是中国核电领域的文化重阵，留下了精彩的核文化，引领着中国核文化的传播。秦山创建的企业内刊《核电潮》在20年里出版50多期，曾获评全国企业文化研究会等部门的“优秀内刊”“中国企业内刊一等奖”，曾四次到人民大会堂领奖；十年忆华芳，文苑新征途，《核电文化苑》10年里出版60多期。视频《核电小苹果》当时风靡全国，播放量达2000万，获第二届亚洲微电影艺术节“金海棠奖”，五位舞者受邀做客央视。中央电视台“心连心”艺术团、中共中央宣传部慰问团先后在秦山核电建设工地慰问演出。还有，以秦

山的故事为蓝本，上海话剧团创作了话剧《国之光荣》，浙江话剧团创作了话剧《太阳神的摇篮》。嘉兴电视台的电视专题片《春风杨柳》获中国科委一等奖，展示了中国核电的良好形象，在社会上影响很大。有关秦山核电建设的几十幅原创摄影作品被国家博物馆收藏，一幅摄影作品被邮电部制成邮票发行。秦山核电会展活动是核电文化的结晶，从 1986 年到 2006 年，秦山核电积极在北京各个国家级展厅，在上海、广州、深圳、杭州、成都、香港等地布展，科普核电知识，以提高公众对核电安全的认识。现核电厂厂区先后建立了四个展览馆、科技会堂、核科普教育基地，累计接待了来自 40 多个国家的外宾，年接待能力 5 万人次。因展而谋、因展而势、因展而动，顺势而为、乘势而上，会展展示了中国核电的良好形象，留有盛名。

秦山核电的成功离不开党和国家领导人及地方省、市、县各级政府对秦山核电的关心与支持。从 1985 年至 2017 年间，先后有 100 多位党和国家领导人，许多部长、两院院士、科学家、全国知名的艺术家等密集地到秦山核电指导、参观。秦山核电“以我为主，中外合作”，从零起步，跨越发展，经过几十年如一日的奋斗，声名显赫，实现了中国老一辈领导人特别是周恩来总理的生前愿望，实现了几代国家领导人对中国核电的期望，记录了中国核电的发展历程。

（张录　原核电秦山联营有限公司政工办主任、企业文化处处长）

编后记

在我们隆重庆祝中国共产党成立100周年之际，迎来了秦山核电站建成发电30周年。30年来，我国的核能事业从无到有，从起步到发展，为服务国民经济和社会发展做出了重要贡献，开启了新时代加快建设核工业强国的新征程。此时，在中核集团的大力支持下，由秦山核电主编的《中国核电从这里起步——亲历者口述秦山核电》历经3年付梓出版。

1991年12月15日，秦山核电站并网发电，结束了中国大陆无核电的历史，被中央领导同志赞誉为“国之光荣”“中国核电从这里起步”。之后，秦山二期核电站的建成发电，实现了中国自主设计与建造大型商用核电站和核电国产化的重大跨越，走出了一条我国核电自主发展的路子。引进重水堆的秦山三期核电站建成发电，实现了我国核电工程管理与国际接轨。如今，秦山核电站已拥有9台机组，总装机容量达到660.4万千瓦，年发电量达 520 多亿千瓦时，成为中国目前核电机组最多、堆型最丰富、装机容量最大的核电基地。

为了真实地记录秦山核电站从起步到发展艰难曲折的发展历程，总结 30 年来我国核能发展的重大成就和历史经验，近几年来，秦山核电站组织采访了参与秦山核电建设的蒋心雄、赵宏等核工业老领导，欧阳予、彭士禄、叶奇蓁等专家（院士），秦山核电和设计、施工单位的领导，专业技术人员及曾在政府部门任职的有关人士等，请亲历者讲述亲身经历的故事。为了全方位地展示秦山核电站的建设过程，也为了便于读者阅读，我们将这些亲历者的口述内容按照秦山核电一、二、三期工程的立项、设计、设备采购与制造、建造和运行管理的时间阶段进行编辑整理，多数人的口述文章一次登载，而有些人的文章则分成两次或多次登载。例如：原核工业部部长蒋心雄、副部长赵宏等同志口述讲述了在组织领导和指挥秦山核电站建设过程中，在不同时期如何为中央领导决策提供依据、如何组织解决工程中遇到的各种复杂问题，本书将他们的口述内容对应于工程建设的不同时间阶段登载。

由于参加设计建造秦山核电的老领导、老专家多数已经退休且年事已高，有的人生活在外地，有的人身体欠佳或家属有病，有的人已经辞世，因此，不少在工程建设中做出过突出贡献的人员没有参与访谈，在此表示歉意。令人感动的是，我国著名的核电专家、国务院核电办公室原副主任汤紫德同志，虽然年逾八旬，仍抱病为本书撰写了珍贵的历史资料。

本书由于采访亲历者的时间跨度较长，有些亲历者是在 5 年以前被采访的，这些亲历者提供的数据资料随着时间的推移和核电事业的发展已经更新，但为了尊重这些亲历者的原意，本书保留了原来的数据资料，请广大读者谅解。

本书在编辑过程中，得到了中核集团总部和秦山核电有关部门的大力支持、帮助和参与，得到了浙江科学技术出版社有限公司和海盐县委宣传部等部门的大力支持、帮助，我们在此表示衷心的感谢。本书的编辑在核电业内尚属首次，由于缺乏经验，加之时间跨度较长，有些资料难免有疏漏和不当之处，敬请业内专家和广大读者批评指正。

编　者

2021 年 11 月